碳酸盐岩油气藏开发技术与实践

成友友　著

吉林科学技术出版社

图书在版编目（CIP）数据

碳酸盐岩油气藏开发技术与实践 / 成友友著 . -- 长
春：吉林科学技术出版社，2020.10
ISBN 978-7-5578-7556-5

Ⅰ．①碳… Ⅱ．①成… Ⅲ．①碳酸盐岩油气藏－油田
开发－研究 Ⅳ．① TE344

中国版本图书馆 CIP 数据核字（2020）第 200201 号

碳酸盐岩油气藏开发技术与实践

著　　者	成友友	
出 版 人	宛　霞	
责任编辑	汪雪君	
封面设计	薛一婷	
制　　版	长春美印图文设计有限公司	
开　　本	16	
字　　数	180 千字	
印　　张	8.25	
版　　次	2020 年 10 月第 1 版	
印　　次	2020 年 10 月第 1 次印刷	
出　　版	吉林科学技术出版社	
发　　行	吉林科学技术出版社	
地　　址	长春净月高新区福祉大路 5788 号出版大厦 A 座	
邮　　编	130118	

发行部电话 / 传真　0431—81629529　　81629530　　81629531
　　　　　　　　　　　　81629532　　81629533　　81629534

储运部电话　0431—86059116

编辑部电话　0431—81629520

印　　刷	北京宝莲鸿图科技有限公司	
书　　号	ISBN 978-7-5578-7556-5	
定　　价	40.00 元	

前 言

碳酸盐岩油气藏中的石油储量大约占全球石油储量的一半，且赋存极其丰富的天然气资源。因此，了解当前碳酸盐岩油藏研究热点，掌握国际上最新的针对碳酸盐岩油藏的描述方法，无疑是很重要的。

当前碳酸盐岩油藏研究的热点是岩石物理相岩石类型的研究与应用。岩石类型的定义是沉积在相似地质条件下，经历了相似的成岩过程，形成了具有统一的孔喉结构和润湿性的一类岩石。

由于碳酸盐岩油气藏固有的特点、特性及油田开发的不断深入，开发向着更深、更偏远的方向发展，地质条件和油藏特征变得愈来愈复杂，给开发工程工艺带来了更多、更高的要求，且面临着很大的挑战：一是深井、高温、高破裂压力梯度储层酸压改造难度大；二是深井、裸眼精细分段注水配套难度大；三是稠油油品性质、胶质沥青质含量差异大，尚未形成集约化、集成化开采方法；四是油品性质复杂、油藏产量快速递减导致举升系统设计配套难度大、效率低；五是高温、高盐及复杂的储层特征对堵剂性能提出了特殊要求。

以上问题影响了单井产能的释放和采收率的提高，制约了碳酸盐岩油藏高效开发的进程。本书基于多年来的探索与实践，以国家科技重大专项及科学技术部、中国石油化工集团公司各类项目为支撑，通过持续科技攻关研究、技术引进与应用以及现场实践，工程技术有了长足的进步。

本书适用于从事油气田开发工程工艺设计、施工、技术研发与管理的科技工作者学习参考，对从事非常规油气井提高采收率的科技人员也具有很高的参考价值，同时还可作为相关科研人员及大专院校相关专业师生的参考书。本书的出版得到了国家重点出版物出版规划项目的支持，在此表示感谢。本书引用了大量的文献，在此向所引文献的作者致以谢意。

本书凝聚了所有开发工程技术人员的辛苦与付出，感谢各级领导、专家对本书的支持。由于作者水平有限，书中难免存在错误与不妥之处，敬请读者批评指正。

目 录

第一章　碳酸盐岩油气成藏实验技术和方法

第一节　干酪根和原油裂解气动力学、同位素动力学模拟技术

一、碳酸盐岩中干酪根生烃动力学模拟技术

（一）干酪根生烃研究概况

研究和计算生烃量的方法很多，归纳起来有自然演化剖面法（地质类比法）、热模拟法、物质平衡法和化学动力学法四大类。这几类方法都各有特色。

自然演化剖面法：主要是通过在地层垂向剖面上每隔一定深度连续采集烃源岩样品，分析它们的各项有机地球化学指标，研究这些指标与地温、埋藏深度和时间等的关系，以确定油气的生成和演化过程。这种方法适合于持续沉降烃源岩在纵向上沉积相变化不大或相对稳定的地区，这样才能保证原始有机质的性质基本一致，才能反映某类有机质随埋深或温度增加的变化情况。我国中—新生界生油岩中的有机质多处于成熟阶段前后，纵向分布深度大，适合自然演化剖面法的研究。但古生界及中新元古界生油岩有机质成熟度普遍较高，而且多数地层遭受了较大厚度的剥蚀，有的地区仅残留少量的该时期古老地层，往往不利于该方法的应用，或只能研究有机质演化的某一阶段。但自然演化剖面法研究的是烃源岩中的残余有机质，因此它不一定能反映原始有机质演化的全貌。

热模拟法：由于自然演化剖面法难以很好地反映油气演化过程的全貌，依据热化学反应的互补原理，人们利用实验室内的高温条件来反映相对低温的地质条件需漫长时间才能实现的有机质成烃过程，为研究有机质演化和油气生成提供了另一种有效的方法。热解模拟实验是研究有机母质转化生烃最直接、有效的方法之一。它不仅可以确定有机母质转化生烃的组分、数量，而且还可以揭示这一转化过程中各种组分产出特征的变化规律及其之间的相互关系。据实验的方式和条件不同，可分为快速热解法、水压热解实验法、封闭式连续热解实验法、随产随排热解实验法等。一般将模拟实验所得产油率与成熟度（镜质组反射率 R_o 值）的关系直接应用到地下，但是由于实验条件和地质条件的明显差别，实验结果能否以镜质组反射率作为桥梁应用到地质实例中还很值得怀疑；大

量实例表明，与地质条件下的结果相比，实验条件下成烃门限所对应的镜质组反射率值往往明显偏高。化学动力学理论则可以证明，仅仅与镜质组演化有相近的动力学行为（相近的活化能分布和指前因子）的那些成烃过程，才能以镜质组反射率作为桥梁将实验结果推广应用到地质条件下。但现有的大量有关有机质成烃动力学行为的研究已经显示，大多数有机质成油、成气的动力学行为均与镜质组演化过程有较大差异。由此看来，模拟实验法只能近似和半定量的来描述地质条件下的成烃过程。

物质平衡法：地史中的有机质转化过程。不论作用机理如何，都是一个物质平衡过程。

利用物质平衡法计算有机质转化过程中油气产量的方法最早是苏联学者乌斯宾斯基于提出来的，其基本思想是：有机质转化前的初始质量（M_0）等于转化后的残余有机母质质量（M）和各种产物质量（X_i，i代表不同的产物组成）之和；有机质主要由碳（C）、氢（H）、氧（O）、氮（N）、硫（S）5种元素组成，它们约占总质量的99.5%，因此，有机质生成油气的过程也是这5种元素的平衡过程，根据物质平衡原理，列出元素分解组合的方程式，可以求出方程式中各种设定的产物组分的量。物质平衡法存在的问题是，随成熟度而变化的残余干酪根的碳、氢、氧元素组成难以得到，为减少优化计算时的多解性，往往需要事先确定主要产物之间的比率关系，而这一般缺少可信的依据，如有机氧有多少生成CO_2，又有多少生成了H_2O，将对计算结果产生重要影响，因为生成的H_2O多就会带走大量的氢，使产烃率降低。这些将影响计算结果的可靠性。

化学动力学法：沉积有机质生烃可视为热力作用下的化学反应过程，因此反应进行的程度、产物组成与温度和时间的关系可由化学动力学方程来定量、动态描述，这也就是Tissot所提干酪根热降解生烃的理论基础。该理论认为，由于埋深和温度的增加，干酪根按照破裂能量的次序，杂原子键和碳键依次断开，先生成的产物是重杂原子的大分子化合物，随后是小分子化合物，最后是烃类；这里主要考虑时间、温度、干酪根类型等，并认为反应是不可逆的，基本上符合一级反应，用阿伦尼乌斯方程来描述，可获得温度与反应速率的一般关系式：

$$K = Ae^{-E/RT}$$

式中 K——反应速率；

A——指前因子，s^{-1}；

E——活化能，kcal/mol；

R——气体常数（8.31447kJ/（mol·K））；

T——反应的绝对温度。

该方程说明温度与有机质的活化能和反应速率成指数关系，即单位时间反应生成物的数量与反应物的数量及反应速率成正比。

由于我国的碳酸盐岩大多属古生界高过成熟烃源岩，且经历抬升剥蚀地层剖面极不完全，因此采用化学动力学方法对碳酸盐岩烃源岩进行生烃量的动态模拟和评价是比较适宜的。

（二）生烃动力学模型

根据干酪根热降解理论，其成烃（断键）反应可用平行一级反应来描述。比较而言，平行一级反应具有比较广泛的适用性，因此选用此模型。

设干酪根（KEO）成油过程由一系列（NO 个）平行一级反应组成，每个反应对应的活化能为 EO_i，指前因子为 AO_i，并设对应每一个反应的干酪根的原始潜量为 XO_{io}（i=1，2，…，NO），即：

$$KEO_1\left(XO_{10}\right) \xrightarrow{KO_1} O_1\left(XO_1\right)$$
$$KEO_i\left(XO_{io}\right) \xrightarrow{KO_i} O_i\left(XO_i\right)$$
$$KEO_{NO}\left(XO_{NOO}\right) \xrightarrow{KO_{NO}} O_{NO}\left(XO_{NO}\right)$$

至时间 t 时，第 i 个反应的生油量为 XO_i，则有：

$$\frac{\mathrm{d}XO_i}{\mathrm{d}t} = KO_i\left(XO_{io} - XO_i\right)$$
$$KO_i = AO_i \exp\left(\frac{-EO_i}{RT}\right)$$

其中 KO_i 为第 i 个干酪根成油反应的反应速率常数，当实验采用恒速升温（升温速率 D）时：

$$\frac{\mathrm{d}T}{\mathrm{d}t} = D,即 \mathrm{d}t = \frac{\mathrm{d}T}{D}$$

$$\frac{\mathrm{d}XO_i}{XO_{io} - XO_i} = \frac{AO_i}{D} \cdot \exp\left(-\frac{EO_i}{RT}\right)\mathrm{d}T$$

将上式从 $T_0 \to T$ 积分，并注意到 $XO_i\left(T_0\right) = 0, XO_i(T) = XO_i$，得：

$$XO_i = XO_{io}\left(1 - \exp\left(-\int_{T_0}^{T} \frac{AO_i}{D} \cdot \exp\left(-\frac{EO_i}{RT}\right)\mathrm{d}T\right)\right)$$

NO 个平行反应的总生油量则为：

$$XO = \sum_{i=1}^{N0} XO_i = \sum_{i=1}^{N0} XO_{io}\left(1 - \exp\left(-\int_{T_0}^{T} \frac{AO_i}{D} \cdot \exp\left(-\frac{EO_i}{RT}\right)\mathrm{d}T\right)\right)$$

同理，若设干酪根直接成气的反应由 NG 个平行反应组成，每个平行反应的活化能为：EG_i，初始潜量 XG_{i0}，为可得随温度变化的直接生气量的计算公式为：

$$XG = \sum_{i=1}^{Nc} XG_i = \sum_{i=1}^{NG} XG_{io}\left(1 - \exp\left(-\int_{T_0}^{r} \frac{AG_i}{D} \cdot \exp\left(-\frac{EG_i}{D}\right)\mathrm{d}T\right)\right)$$

与上式相比，该式仅仅是有关变量的副标不同而已。0 表示油，G 表示气。

如果已知干酪根成油、成气的有关动力学参数（EO_i，AO_i，XO_{io}，EG_i，AG_i，XG_{io}）结合研究区的热史 T（t），则可计算出地史时期有机质直接成油、成气的量。

（三）化学动力学模型的标定

下面以干酪根成油模型的标定为例加以说明，干酪根成气模型标定的原理和方法与其相同。

1. 构造目标函数

设在某一升温速率 l，达到某一温度 j 时由实验所测得的产油率为 $XO1_{lj}$，在相同的条件下，假定 EO_i，AO_i，XO_{io} 之后，计算的产油率为 XO_{ij}。如果存在某一组 EO_i，AO_i，XO_{io} 的取值使对所有的 l、j 都有 $XO1_{lj} - XO_{lj} = 0$，则该组 EO_i，AO_i，XO_{io} 即为所求。但由于实验误差等方面的原因，这实际上是不可能的。因此，只能求使 $XO1_{lj} - XO_{lj}$ 尽量小的 EO_i，AO_i，XO_{io} 的取值。为此，构造目标函数：

$$Q\left(EO_i, AO_i, XO_{io}\right) = \sum_{l=1}^{Lo} \sum_{j=1}^{Jo} \left(\frac{XO1_{ij} - XO_{ij}}{XO1_{ij}}\right)^2$$

式中 Lo 为不同升温速率实验的数目，Jo 为从一条实验曲线上的采样点数。

从原理上讲，平行反应的数目取值越大，就越有可能包括干酪根成油的所有反应类型，因而应该越精确。但由于此时模型标定及随后模型应用时的计算量太大，难以实用化；而且，在实际标定过程中发现，虽然模型对实验数据的拟合程度一般随平行反应的细分而改善，但平行反应的数目达到一定程度之后，拟合程度的改善已不明显。因此，只需用有限个具有一定间隔的平行反应即可。

Tissot 等最初提出这种平行反应模型时，相邻平行反应之间的活化能间隔高达 10kcal/mol。从动力学的观点来看，由于化学反应速率对活化能取值大小的变化极为敏感，因此，10kcal/mol 这样大的间隔显然不能近似反映干酪根中的键型组成，从而不能被用于近似描述有机质的成烃过程。笔者认为，这也是 Tissot 人的模型自提出以来，未能得到广泛应用的重要原因之一。在研究中，根据上述分析，结合试算结果，选择了较小的平行反应的活化能间隔。平行反应的活化能分布范围也是根据试算结果逐步缩小确定的。

这样，由于 EO_i 可通过确定平行反应的活化能的分布范围和相邻平行反应的活化能间隔而求解，则：

$$Q\left(AO_i, XO_{io}\right) = \sum_{l=1}^{Lo} \sum_{j=1}^{Jo} \left(\frac{XO1_{ij} - XO_{ij}}{XO1_{ij}}\right)^2$$

另外，注意到 AO_i，XO_{io}（用占总可反应量的百分数表示）应满足：

$$AO_i > 0$$

$$0 \leqslant XO_{io} \leqslant 1$$

$$\sum_{i=1}^{N0} XO_{i0} = 1 \text{或} \left|1 - \sum_{i=1}^{N0} XO_{i0}\right| \leqslant \varepsilon \,(\varepsilon \text{为一小正数})$$

2. 构建惩罚函数

上述含有约束条件的极小值的求解问题比较复杂,因为除了要使目标函数值逐渐下降之外,还要注意解的可行性,即看解是否处于约束条件所限定的范围。这里采用惩罚函数法将有约束极值问题化为无约束极值问题,其思路如下:

对于任一约束条件,可以构造一个函数,当所求得的极值点满足该条件时,函数值为0,否则为正数。

如对 $AO_i > 0$ 这一约束条件,可有:

$$G_1\left(AO_i\right) = \begin{cases} 0 & \left(\text{当}AO_i \geqslant 0\right) \\ AO_i^2 & \left(\text{当}AO_i < 0\right) \end{cases}$$

同理有: 即 $G_1\left(AO_i\right) = \left[\min\left(0, AO_i\right)\right]^2$

$$G_2\left(XO_{io}\right) = \begin{cases} 0 & \left(\text{当}1 \geqslant X0_{io} \geqslant 0\right) \\ XO_{io}^2 & \left(\text{当}XO_{io} < 0\right) \\ \left(1 - XO_{io}\right)^2 & \left(\text{当}XO_{io} > 1\right) \end{cases}$$

即 $G_2\left(XO_{io}\right) = \left[\min\left(0, XO_{io}\right)\right]^2 + \left[\min\left(0, 1 - XO_{io}\right)\right]^2$

$$G_3\left(XO_{io}\right) = \begin{cases} 0 & \left(\text{当}\varepsilon - \left|1 - \sum\left(XO_{io}\right)\right| \geqslant 0\right) \\ \left(\varepsilon - \left|1 - \sum_{i=1}^{N0} XO_{io}\right|\right)^2 & \left(\text{当}\varepsilon - \left|1 - \sum\left(XO_{io}\right)\right| < 0\right) \end{cases}$$

即

$$G_3\left(XO_{io}\right) = \left[\min\left(0, \varepsilon - \left|1 - \sum_{i=1}^{N0} XO_{io}\right|\right)\right]^2$$

这样可得惩罚项:

$$G\left(XO_{io}, AO_i\right) = G_1 + G_2 + G_3 = \left[\min\left(0, AO_i\right)\right]^2 + \left[\min\left(0, XO_{i0}\right)\right]^2 + \left[\min\left(0, 1 - XO_{i0}\right)\right]^2$$
$$+ \left[\min\left(0, \varepsilon - \left|1 - \sum_{i=1}^{N0} XO_{i0}\right|\right)\right]^2$$

取一个充分大的正整数 R1,可构造出惩罚函数:

$$F\left(AO_i, XO_{io}\right) = Q\left(AO_i, XO_{io}\right) + R1 \cdot G\left(XO_{io}, AO_i\right)$$

如果所求出的极小点超出约束条件,则逐渐增大 R1,当 R1 充分大时,上式的极小解即为目标函数的极小解,这样就将有约束极值问题化为相对容易求解的无约束极值问题。

3. 求一阶偏导函数

极小值存在的必要条件是:函数式的一阶偏导数为0。

先对目标函数求偏导:

$$\frac{\partial Q}{\partial AO_m} = \sum_{l=1}^{lo}\sum_{j=1}^{lo}\left(-2\frac{XO1_{ij}-XO_{ij}}{XO1_{ij}^2}\cdot\frac{\partial XO_{ij}}{\partial AO_m}\right)$$

其中：$\dfrac{\partial XO_{ij}}{\partial AO_m}=\dfrac{\partial\sum\limits_{i=1}^{no}\left(XO_{io}\left(1-\exp\left(-\int_{T_0}^{r}\frac{AO_i}{D_i}\exp\left(-\frac{EO_i}{RT}\right)\mathrm{d}T\right)\right)\right)}{\partial AO_m}$

$$=XO_{m0}\cdot\exp\left(-\int_{T_0}^{T}\frac{AO_m}{D_l}\exp\left(-\frac{EO_m}{RT}\right)\mathrm{d}T\right)\cdot\int_{T_0}^{T}\frac{1}{D_l}\exp\left(-\frac{EO_m}{RT}\right)\mathrm{d}T$$

$$\frac{\partial Q}{\partial XO_m} = \sum_{l=1}^{lo}\sum_{j=1}^{lo}\left(-2\frac{XO_{1j}-XO_{ij}}{XO1_{ij}^2}\cdot\frac{\partial XO_{ij}}{\partial XO_{m0}}\right)$$

$$=\sum_{l=1}^{lo}\sum_{j=1}^{lo}\left(-2\frac{XO1_{ij}-XO_{ij}}{XO1_{ij}^2}\cdot\left(1-\exp\left(-\int_{T_0}^{T}\frac{AO_m}{D_l}\exp\left(-\frac{EO_m}{RT}\right)\mathrm{d}T\right)\right)\right)$$

式中 m=1，2，3，…，N0。

同理，惩罚项的偏导为：

$$\frac{\partial Q}{\partial AO_m} = 2\min\left(0, AO_m\right)$$

$$\frac{\partial Q}{\partial AO_{m0}} = 2\min\left(0, XO_{m0}\right)-2\min\left(0, 1-XO_{m0}\right)$$

$$-2\min\left(0,\varepsilon-\left|1-\sum_{i=1}^{N0}XO_{i0}\right|\right)\times FN\left(\sum_{i=1}^{N0}XO_{i0}-1\right)$$

式中 FN 为取括号里表达式的符号，即：

$$FN\left(\sum_{i=1}^{no}XO_n-1\right)=\begin{cases}1 & \left(\text{当}\sum\limits_{no}^{No}XO_{io}-1>0\right)\\ -1 & \left(\text{当}\sum\limits_{n}XO_{io}-1<0\right)\end{cases}$$

理论上讲，极小点处应有：

$$\begin{cases}\dfrac{\partial F\left(AO_i, XO_{io}\right)}{\partial AO_m}=\dfrac{\partial Q}{\partial AO_m}+R1\cdot\dfrac{\partial G}{\partial AO_m}=0\\[3mm]\dfrac{\partial F\left(AO_i, XO_{i0}\right)}{\partial XO_{m0}}=\dfrac{\partial Q}{\partial XO_{mo}}+R1\cdot\dfrac{\partial G}{\partial XO_{m0}}=0\end{cases}$$

二、原油裂解气的动力学模型及其标定

原油裂解成气的过程不仅关系到天然气的生成，而且也关系到原油的消耗。因此，对这一过程的客观评价成为评估油气勘探潜量的重要环节。为此，将化学动力学理论引

入这一领域。

设油裂解成气的过程由 NOG 个平行一级反应组成，每一反应的活化能为指前因子为 AOG_i，对应的原始潜量为 $X0G_{io}$，当反应进行至时间 t 时产气率（用占总可反应量的百分数表示）为 XOG_i，则有：

$$\frac{\mathrm{d}XOG_i}{\mathrm{d}t} = KOG_i \cdot (XOG_{i0} - XOG_i)$$

其中

$$KOG_i = AOG_i \cdot \exp\left(\frac{-EOG_i}{RT}\right)$$

式中 KOG_i——第 i 个油裂解成气反应的反应速率常数。

由此不难得到 NOG 个平行反应的总生气量为：

$$XOG = \sum_{i=1}^{Noc} XOG_i = \sum_{i=1}^{Noc} XOG_{i0}\left(1 - \exp\left(-\int_{T_0}^{T} \frac{AOG_i}{D} \cdot \exp\left(-\frac{EOG_i}{D}\right)\mathrm{d}T\right)\right)$$

设在某一等温实验条件下加热至某一时间时实验所测的原油裂解成气产率为，在相同的条件下，设定 EOG_i，AOG_i，XOG_{io} 后，由上面模型式计算的原油裂解成气产率为 XOG_{lj} 则可构建目标函数：

$$Q(EOG_i, AOG_i, XOG_{io}) = \sum_{i=1}^{LOC} \sum_{j=1}^{JOC}\left(\frac{XOG1_{ly} - XOG_{lj}}{XOG1_{lj}}\right)^2$$

式中，LOG 为实验组数，JOG 为从一条实验曲线上的采样点数。其中 EOG_i 可通过选定活化能的分布范围和相邻平行反应的活化能间隔后确定，而和 JT0G、则需要用优化算法求解。另外，注意 AOG_i 和 XOG_{i0}（用占总可反应量的百分数表示）应满足：

$AOG_i > 0$

$0 \leqslant XOG_{i0} \leqslant 1$

$\sum_{i=1}^{NOG} OG_{i0} = 1$ 或 $\left|1 - \sum_{i=1}^{NOG} XOG_{i0}\right| \leqslant \varepsilon$（$\varepsilon$ 为一小正数）

三、碳同位素动力学模型

天然气碳同位素动力学是定量描述天然气生成过程中碳同位素分馏的基础，通过它可以研究实际地质条件下天然气生成过程中的碳同位素演化，进而为天然气的成因及成藏史研究提供有益信息；从而为天然气成因评价和预测研究提供了新途径，并在实际勘探中取得良好效果。

自 20 世纪 80 年代以来，为定量描述天然气生成过程中的碳同位素演化，国内外相继提出了一系列的碳同位素分馏模型。本章将系统对比各模型的优缺点，选择最佳的分馏模型，深入研究塔东地区成气过程中的碳同位素演化规律，综合分析其天然气的成因。

尽管早在 1896 年人们就提出了碳同位素的瑞利分馏模型，但长期以来碳同位素动力学模型研究进展缓慢，仍停留在天然气组分碳同位素与成熟度关系的静态模型上。直到 20 世纪 90 年代，天然气碳同位素动力学模型的研究工作才进展较快，国外学者建立并发展了几种比较典型的碳同位素动力学模型。

1. 以 Rayleigh 方程为基础的甲烷碳同位素分馏模型

20 世纪 80 年代末至 90 年代初，出现了几种基于 Rayleigh 方程的分馏模型。Galimov 将天然气生成过程与同位素分馏结合，提出了基于 Rayleigh 方程的分馏模型。这个模型显得有些复杂，但可以计算瞬时同位素值与累积同位素值随成熟度的变化。Berner 等提出了直接利用 Rayleigh 方程计算天然气同位素分馈过程的模型。在该模型中，累积的甲烷碳同位素是成熟度（甲烷转化率）、分馏因子和初始碳同位素值的函数。然而，Berner 模型没有给出瞬时碳同位素。Rooney 等以 Rayleigh 方程为基础，推导了瞬时碳同位素值、累积碳同位素值随甲烷转化率（成熟度）变化的模型，与 Bertner 模型相似，碳同位素值的变化取决于分馏因子、初始碳同位素值和甲烷转化率。尽管上述 3 种模型都是以 Rayleigh 方程为基础，但将其进行直接比较却是十分困难的。这些模型的共同特点是通过调整分馏因子和初始碳同位素值来拟合实验数据，然后再外推到实际地质条件下进行研究。由于甲烷的转化率是随温度的升高而单调递增的，从而决定了碳同位素值演化的单调递增性，故想要以 Rayleigh 方程为基础的模型完整地描述复杂的同位素演化是困难的，通常只能描述烃源岩主要演化阶段的同位素变化。

下面以 Rooney 模型为例子做简要介绍。

Rooney 在对天然气田实测数据进行分析的过程中，建立了甲烷、乙烷、丙烷之间的关系模型，它是一个建立在实测数据而不是热模拟实验基础上的动力学模型。

瞬时模型：$\delta_1 = \delta_0 + \varepsilon^*(1 + \ln(1-F))$

累积模型：$\delta_1 = \delta_0 - \varepsilon^* \dfrac{(1-F)\ln(1-F)}{F}$

式中 δ_1 ——生成甲烷的碳同位素值；

δ_0 ——初始碳同位素值；

ε ——引用参数，$\varepsilon = 1000(\alpha - 1)$；

α ——分馏因子（^{12}C 与 ^{13}C 的反应速率系数之比）；

F ——气体转化率。

模型中 δ_0 和 $\varepsilon(\alpha)$ 均为固定值，F 是依 Burnham 生烃模型获得的转化率，然后借助甲烷转化率与温度之间的关系获得甲烷同位素值与温度之间的关系模型。

2. 以动力学为基础的甲烷碳同位素动力学模型

20 世纪 90 年代中期以来，以生烃动力学为基础的同位素动力学模型逐渐兴起。建立同位素动力学模型，是将重碳天然气组分和正常天然气组分视为两个不同的产物，分别计算各自的动力学参数。由于在 ^{12C} 和 ^{13C} 动力学参数计算上的不同，派生出了不同的同位素动力学模型。Cramer 等在同位素动力学模型上进行了一系列探索。在 Cramer 模型中,活化能分布一直采用规则的离散分布(间隔小于 5kJ/mol),而具体计算时则有很大差别。

在 Cramer1 模型中,把甲烷的生成看作 n 个一级反应的结果,对于每个反应,含 [12C] 和含 [13C] 气体的生成速率系数是不同的:

$$\frac{k^{12}\mathrm{C}}{k^{13}\mathrm{C}} = \frac{A^{12}\mathrm{C}\times\exp\left(-\dfrac{Ea^{12}\mathrm{C}}{RT}\right)}{A^{13}\mathrm{C}\times\exp\left(-\dfrac{Ea^{13}\mathrm{C}}{RT}\right)} = \frac{A^{12}\mathrm{C}}{A^{13}\mathrm{C}}\times\exp\left(-\frac{\Delta Ea}{RT}\right)$$

在此基础上建立的瞬时模型为:

$$R_{\mathrm{inst}} = \frac{\displaystyle\sum_{i=1}^{n} r_i^{13}\mathrm{C}(t)}{\displaystyle\sum_{i=1}^{n} r_i^{12}\mathrm{C}(t)} = \frac{\displaystyle\sum_{i=1}^{n} k_i^{13}\mathrm{C}(T(t))f_i^{0\,13}\mathrm{C}\times\exp\left(-\int_0^t k_i^{13}\mathrm{C}(T(t))\mathrm{d}t\right)}{\displaystyle\sum_{i=1}^{n} k_i^{12}\mathrm{C}(T(t))f_i^{0\,12}\mathrm{C}\times\exp\left(-\int_0^t k_i^{12}\mathrm{C}(T(t))\mathrm{d}t\right)}$$

累积效应模型为:

$$R_{\mathrm{accu}} = \frac{\displaystyle\sum_{i=1}^{n} c_i^{13}\mathrm{C}(t)}{\displaystyle\sum_{i=1}^{n} c_i^{12}\mathrm{C}(t)} = \frac{\displaystyle\sum_{i=1}^{n} f_i^{0\,13}\mathrm{C} - f_i^{0\,13}\mathrm{C}\times\exp\left(-\int_0^t k_i^{13}\mathrm{C}(T(t))\mathrm{d}t\right)}{\displaystyle\sum_{i=1}^{n} f_i^{0\,12}\mathrm{C} - f_i^{0\,12}\mathrm{C}\times\exp\left(-\int_0^t k_i^{12}\mathrm{C}(T(t))\mathrm{d}t\right)}$$

式中 $k_i^{12}\mathrm{C}, k_i^{13}\mathrm{C}$ ——分别为 [12C]、[13C] 甲烷的生成的速率系数;

$r_i^{12}\mathrm{C}(t), r_i^{13}\mathrm{C}(t)$ ——分别为时刻 t 第 i 个反应的 [12C]、[13C] 甲烷生成速率;

$c_i^{12}\mathrm{C}(t), c_i^{13}\mathrm{C}(t)$ ——分别为时刻 t 第 i 个反应的 [12C]、[13C] 甲烷累积产量;

$f_i^{0\,12}\mathrm{C}(t), f_i^{0\,13}\mathrm{C}(t)$ ——分别为时刻 t 第 i 个反应初始生成 [12C]、[13C] 甲烷的潜量。

在计算中,对于 n 个一级反应,给予相同的碳同位素初始值及相同的 [12C]、[13C] 甲烷生成潜量。同时根据实验中的 $\delta^{13}\mathrm{C}$ 随时间变化的情况,获得不变参数 ΔEa 及 $\dfrac{A^{12}\mathrm{C}}{A^{13}\mathrm{C}}$ 值。

在 Cramer2 模型中,与 Cramer1 不同之处的是把 ΔEa 作为一个变化的量。

而对于 Cramer3 模型则是根据每一温度点的同位素值将生烃曲线分为 [12C] 和 [13C] 两条生烃曲线,并据此优化求取各自独立的生烃参数。

帅燕华等对 Cramer3 模型做了适当修改,把组分天然气的生烃参数近似看作为 [12C] 组分的生烃参数([13C] 组分仅有少量部分),然后优化求取 [13C] 的生烃参数,使计算得出的同位素值与实验测得的同位素值尽量接近。在含 [13C] 甲烷的生烃参数的求取中,其总的生烃潜量以母质中二者碳原子个数之比换算求得,并认为二者的反应个数一致,对于每个反应,其活化能不变,所有反应的指前因子取 $A^{13}\mathrm{C}/A^{12}\mathrm{C}=1.02$。此模型与 Cramer3 模型在理论基础上是一致的。这里 [12C] 和 [13C] 中总的生烃潜量的求取,是根据每一温度点的生成的天然气量和同位素 [12C] 和 13C 的量,然后累加求取的,这更为合理,而对于 $A^{13}\mathrm{C}/A^{12}\mathrm{C}$ 则是优化求取的。

以上模型不是单纯把同位素分馏因子看作恒定不变的常数，而是从化学动力学的角度，从根本上考虑造成同位素分馏的原因，因此有很重要的突破。

不同的碳同位素分馏模型对天然气生成过程中碳同位素的演化趋势和拟合效果有明显的差别，只有 Cramer3 完全模拟出碳同位素值的变化趋势，是目前所有碳同位素动力学模型中对实验数据拟合最好、适用温度范围最宽的模型。由于 Cramer3 模型对标定它的实验数据有着良好的拟合性，这是应用到地质条件下的基本前提，因此研究塔东地区天然气生成的碳同位素动力学时选用了该模型。

第二节　碳酸盐岩流体包裹体实验技术

一、流体包裹体技术的研究概况

（一）流体包裹体的一般分类

流体包裹体一般即指矿物包裹体，按其成因可分为继承性包裹体和成岩包裹体两大类。继承性包裹体存在于陆源碎屑之中，不反映成岩后生阶段的物理化学条件，与本方法无关。成岩包裹体即成岩矿物中的流体包裹体，它是在矿物生长结晶过程中由于晶体缺陷或其他原因捕获了一部分成矿流体而形成，一般多产于方解石、白云石、石英、萤石、氟石、重晶石、硬石膏等自生矿物中。因此，成岩包裹体保存着极其难得的原始成矿流体，它记录了宿主矿物形成时流体介质本身的各种物理化学条件，如温度、古压力、古盐度、化学成分和同位素等信息。人们正是根据这些参数和信息来研究成岩、成矿和油气运聚成藏的问题，从而有"流体化石"之誉称。

根据包裹体与宿主矿物之间的生成关系，可分为原生包裹体和次生包裹体两类。原生包裹体是矿物结晶时捕获的包裹体，其排列方向与晶体生长方向一致，所包含的流体就是成矿溶液，它的性质代表了该矿物形成时成岩流体的物理化学条件。次生包裹体是后期成岩流体沿裂隙和解理进入先前形成的矿物，并在其溶解和重结晶过程中捕获的包裹体，其分布与宿主矿物的晶体生长方向无关，它所包含的成岩流体只代表后期成矿溶液的性质，与先前的成矿溶液不同。

根据包裹体的流体成分和室温下的相态，又可分为盐水溶液包裹体和有机包裹体两类。盐水溶液包裹体是气流小于或等于 10% 的液体包裹体，其特征是无色透明、边界清楚、不发荧光、可加热到均一液相。有机包裹体又分为烃包裹体和含烃包裹体，前者为烃类流体所充满，后者除含烃类外还有盐水等非有机组分。根据室温下烃类的相态和油、气、水的不同比例，有机包裹体可分为：油包裹体、油—气包裹体、油—水包裹体、气包裹体、气—水包裹体、油—气—水包裹体等。有机包裹体中各相特征是：在分布上，烃相位于内部，盐水相位于边缘，在形态上，烃相多呈浑圆和椭圆状，盐水相多为不规则状；在颜色上，液态烃为浅黄或褐黄色，气态烃相为灰黑色，盐水溶液相为无色透明；在荧光显微镜下,烃相显示荧光,而盐水溶液相一般不具荧光性。

成岩矿物的原生和次生有机包裹体是人们最关注的研究对象,因为它是地质历史过程中油气发生运移的直接证据。有机包裹体中流体的相态、成分和荧光性等,不仅反映了烃类成熟度和油源特征;同时也指示了油气运移时的温度、压力、盐度等物理条件,从而可以推断油气运移发生的深度、时间和期次。因此,有机包裹体对研究油气的运聚问题具有重大意义。

(二)流体包裹体技术的发展现状

流体包裹体的研究虽在 100 多年前就开始了,但直到 20 世纪中叶由于包裹体测温成为可能才开始进入实用时期,随着分析测试技术和手段的改善,到 20 世纪 70 年代包裹体的成分测定才逐渐得以实现,碳同位素的研究也发展起来。Roedder 撰写了《流体包裹体》一书,系统总结了自 20 世纪 60 年代以来的研究成果,大大推动和普及了流体包裹体的研究,至今已发展成为一门较为完整的流体包裹体学。

我国包裹体的研究始于 20 世纪 60 年代。70 年代以来得到迅速发展,开始建立实验室并不断改进和完善包裹体的测试技术和研究方法,同时结合我国的金属矿床做了大量的工作,对矿床的分布、成因与热液的性质做出了较满意的解释。80 年代以来我国流体包裹体的研究进入大发展时期,特别是通过近 10 多年来的努力,当前我国虽在包裹体基础研究、计算机处理软件开发等方面与国际先进水平还有差距,但在油气包裹体和单个包裹体成分分析领域,已进入国际先进行列。

流体包裹体的研究方法主要有显微镜检测技术和测定成分技术两个方面。包裹体镜鉴技术主要包括:基本要素的描述和油气包裹体的统计、包裹体测温、包裹体冰点测定等方面;也包括利用荧光特征、红外—显微镜法、红外光谱法、激光拉曼光谱和激光微裂解技术、热爆裂法和粉碎法等方法和技术来测定包裹体的复杂成分。

一般而言,流体包裹体镜下观察均一温度的研究手段较为单一,而成分研究的方法则多样化,且更加偏重用各种仪器对单个包裹体进行测定。例如对包裹体中的有机成分多采用显微红外光谱、紫外荧光显微分析和群体包裹体破碎的色谱及色谱—质谱分析,另外还可以通过拉曼光谱对单个包裹体进行挥发组分和固体组分进行分析。

二、流体包裹体的有机组成和碳同位素分析技术

矿物包裹体中的有机流体因其最真实、最直接地记录着原始烃类演化、运移等成藏时的信息,因而在油气勘探中得到了广泛的应用。近几年来,在国内外,对包裹体中有机成分分析的研究技术取得不断进步,主要表现在对单个包裹体成分分析的傅立叶变换红外光谱、激光拉曼显微光谱和荧光光谱技术,以及对群体包裹体的生物标志物分析。P.F.Greenwood 等应用激光微裂解 GC—MS 分析技术对单个包裹体的生物标志物进行了研究,但 D.M.Jones 等认为单个包裹体中的烃类含量远低于现代仪器检测的灵敏度,因

此，目前对包裹体中的烃类检测主要集中在群体包裹体的研究。

目前国内外对包裹体中气体成分的研究主要表现在对组分的测定，对包裹体成分的碳同位素分析国内未见报道，但碳同位素在推断烃类气体来源及演化方面作用和效果明显优于组分，因此开展这项技术的研究工作具有非常重要的意义。分别采用热爆裂法（惰性气体内爆裂法）和真空球磨法提取流体包裹体中的烃类气体进行碳同位素分析对比，认为真空球磨法提取气体进行碳同位素分析的方法无裂解和氧化反应，代表真实流体，测定的碳同位素值可靠。本书用这种方法对鄂尔多斯盆地中部气田的储层包裹体中烃类气体碳同位素进行了测定。

虽然热爆裂法打开包裹体对烃类组成产生影响，但是，相对其他方法而言，热爆裂法是一种比较简单、快速的分析方法，而且需要的样品量较少，因此，采用热爆裂法打开包裹体进行气体碳同位素分析也是一种较好的实验方法。本书也用这种方法分析了鄂尔多斯盆地奥陶系储层的样品。

三、利用包裹体资料计算古压力和古流体势的方法

所谓古压力即包裹体形成时的捕获压力，如前所述它是计算古流体势和分析古气藏压力的关键参数。求取捕获压力，目前大体上有等容线图解法、密度式和等容式计算法及 PVT 模拟等 3 种方法。对于均匀流体的样品，一般采用已知捕获温度的等容线图解法来求取捕获压力，在鄂尔多斯盆地即用此法；对于两种不混溶流体的样品，一般采用 PVT 模拟法求取捕获压力，在川东北地区即用此法。无论哪一种方法，都首先需要知道均一温度和捕获流体相的成分及该体系的 PVTXi 相图（其中 X 为体系组分，i 为组分的摩尔系数）。可见若能获得包裹体相态体积或相对比值，则可进行比较准确的相态模拟。因此，准确计算包裹体的气液体积比和选择模拟体系，是求取捕获压力的两个关键环节。目前利用激光共聚焦扫描显微镜（CLSM），可以相对准确地计算出液态包裹体的气液体积比，从而在古压力求取的精度上迈进了一步。

第三节　碳酸盐岩油气成藏固体沥青分析技术

一、有关概念

沥青（Bitumen）一词的含义广泛，没有准确的定义，这里主要是指与石油有关的有机矿产或有机岩，一般具有可燃性，又称为可燃有机矿产或可燃有机岩。按其物理相态可分为气体、液体和固体三大类，本节所涉及的研究内容主要是分散在储层中的固体沥青（又称为储层沥青）。对其性状和特征进行研究，有助于了解和认识油气藏形成的过程和油气分布的规律。

固体沥青的形成与石油的演化密切相关，主要是石油的衍生物，常称为石油沥青矿

物或固体油矿物。由于它们没有固定的化学成分和结构形态，并常呈渐变的系列状态存在而难以鉴别和分类。国内外曾有不少学者提出了各具特色的分类方案，为研究固体沥青做出了贡献。

在油气生成、运移的各个阶段都有与之大体对应的固体沥青生成；在沉积埋藏阶段由于油气的生成和排出，可以在烃源岩中形成同层沥青；随着进一步埋深热变作用加强，在石油大规模二次运移的过程中可以在储层中形成广泛分布的固体沥青；当油藏遭到破坏或含油层出露地表，随着演化作用加强可以形成系列残留的或出露的固体沥青。由此可见，随着地质构造和油气的演化，在油气聚集成藏的过程中可以形成一系列固体沥青；反过来通过对它们的研究，又可以追踪和认识油气的成藏过程。

二、固体沥青反射率测定技术

（一）方法和仪器

反射率测定是一项应用范围很广的光学测定方法，适用于各种金属（合金）、金属矿物、煤和烃源岩中的各种有机组分，尤其镜质组反射率在当今油气勘探中被认为是烃源岩成熟度最有效的定量评价指标。对于缺少镜质组的早古生代地层及各时代碳酸盐岩地层，固体沥青反射率则是最好的替代参数。

固体沥青的反射率测定方法与镜质组基本相同，现在普遍采用显微光度计方法，具有测量精度高、微区范围小和操作方便等优点。使用仪器为德国造 MPV-3 型显微光度计及其附件，人工选点读数，执行国家标准。

固体沥青非均质性强于镜质组，单体粒度又非常细小，反射率测定存在诸多难点，因此其允许误差应大于镜质组反射率。固体沥青反射率值的允许误差目前尚未制定统一标准，根据工作需要和实际可能，笔者认为两次测定的相对误差应限制在 10% 以内，绝对误差以不超过 0.1%~0.3% 为宜。

固体沥青可能由于其活化能较高，在 R_o 值低于 1% 时，其反射率值低于镜质组反射率（$R_b < R_o$）。但 R_o 值高于 1% 以后，在相同热演化条件下，固体沥青反射率增长速度远高于镜质组，二者对应关系通常由以下两个经验公式表达，这两个公式换算结果非常相近。由固体沥青反射率换算的镜质组反射率称为等效镜质组反射率，建议以"$R_o{}'$"表示。

$$R_o{}' = 3364 + 0.6569\,R_b$$

$$R_o{}' = 0.618 + 0.4\,R_b$$

（二）固体沥青的产状和反射率特征反映下古生界存在两期成藏作用

鄂尔多斯盆地地下古生界储层沥青的产状和反射率，同样可以反映出石油运移充注的早晚和成藏的期次。固体沥青在储层中也同样有 3 种产状：第一种是固体沥青充填在粒间和晶空孔隙中，其形状随容纳空间而定，一般粒径为 $10 \sim 30\ \mu m$，它们分布最广泛，相对比例最高,约占固体沥青总量的 55%~60%,是研究的主要对象;第二种是固体沥青呈脉状赋存于岩层的缝合线中,延伸较长,宽度达 20~50 μm,并多与方解石一起形成后生穿层脉体,它们占固体沥青总量的 30%~35%,很可能是油藏破坏石油再次运移残留下的证据;第三种是固体沥青呈微粒状产出,多见于含泥质的碳酸盐岩中,通常粒径小于 10 μm,孤立分布于岩石基质和胶结物中,一般不超过固体沥青总量的 10%,属同层沥青没有经过明晶的位移。

不同产状的固体沥青热演化历程是不相同的,同是成岩后期充填的脉状沥青和溶孔(洞)充填的块状沥青,由于期次不同热演化程度也存在差异。

三、固体沥青有机地球化学测定技术

虽然储层中的固体沥青是石油在二次运移过程中或在油藏中高温裂解的残留物,其可溶有机质的含量已很微小,但通过热抽提仍可获得微量的氯仿沥青"A"。针对这些微量的可溶有机质,可以利用有机地化的常规方法开展族组分、生物标志化合物、同位素等方面的研究,从而可以建立起原油—储层固体沥青—天然气之间的密切联系,为天然气成藏过程的研究提供重要的依据。

(一)固体沥青有机地球化学测定技术在川东滩储层研究中的应用

川东北下三叠统飞仙关组组滩气藏天然气来源于同层古油藏原油热裂解作用,这一认识已成为研究者们的共识。但是古油藏原油来自何处?却是个很有争议的问题。由于热演化程度太高,原油裂解殆尽,油源对比工作十分困难,一些地化参数往往相互矛盾。在这种情况下,采用多种地化参数进行综合分析判识是合适的。

1. 固体沥青的氯仿沥青"A"族组分及碳同位素特征的研究

通过氯仿沥青"A"族组分分析表明,可溶有机质以非烃和沥青质为主,饱和烃和芳烃含量相对较低。反映母质类型以腐泥型有机质为主。通常,储层沥青和干酪根碳同位素大致有 $\delta^{13}C_饱 < \delta^{13}C_芳 < \delta^{13}C_非 < \delta^{13}C_沥 < \delta^{13}C_{干酪根}$ 的规律。但川东北下三叠统飞仙关组储层中氯仿沥青"A"族组成和干酪根碳同位素类型曲线显示,大部分样品具有 $\delta^{13}C_芳 < \delta^{13}C_非 < \delta^{13}C_非 < \delta^{13}C_沥$ 的现象,但 $\delta^{13}C_饱 < \delta^{13}C_芳$ 的关系是正常的,总体上氯仿沥青"A"的碳同位素值小于干酪根的数值。

2. 固体沥青的气相色谱特征研究

正构烷烃的主峰碳数分布和奇偶优势比值等参数,可以直接提供有关母质的生源构成、演化状况以及沉积环境等方面的信息。一般认为,低碳烃正构烷烃与低等浮游植物和藻类生源有关,而高碳数正构烷烃则与高等植物生源有关。正构烷烃一般碳数分布范围从 $nC_1 \sim nC_{40}$,$nC_{22} \sim nC_{35}$ 奇碳数优势分布表征高等植物蜡质的生源构成,而 $nC_{22} \sim nC_{34}$ 的偶碳数优势滩高盐度和强还原环境相伴生。川东北地区飞仙关组储层固体沥青抽提物大多呈现单峰型,其中前峰型和后峰型均有存在,奇偶碳优势不明显,Pr/Ph

比值大多小于 0.8，且 $Ph/nC_{18} > Pr/nC17$，说明样品中有机质属还原沉积环境。

3. 固体沥青的甾烷、萜烷特征研究

地质体中的甾烷主要是由藻类、浮游植物或高等植物衍生而来。通常认为：浮游动物以 C_{27} 甾烷为主，代表母质为腐泥型；高等植物以甾烷为主，代表母质为腐殖型；混合型以 C_{28} 甾烷为主。然而，近些年来的研究表明，在海相地层中甚至在早古生代及其以前的老地层中都发现有丰富的 C_{29} 甾烷存在。

飞仙关储层固体沥青中的甾烷具有 $C_{29} > C_{28} > C_{27}$ 的特征，其中 C_{27} 占规则甾烷的 23.2% ~ 43.0%，C_{28} 占 19.6%~30.7%，占 32.5% ~ 53.3%。说明飞仙关组储层沥青中规则甾烷以 C29 为主，其生源可能来源于藻类等低等植物以及浮游动物。

飞仙关组储层沥青中长链三环萜分布比较广泛，其碳数主要分布在 $C_{20} ~ C_{26}$ 之间，主峰碳是 C_{23}，而五环三萜烷的碳数主要分布在 $C_{27} ~ C_{33}$ 范围内。Σ 三环萜烷 /Σ 五环三萜烷的比值较低，但变化较大，介于 0.1~1.0 之间。这一方面反映了咸化的水介质条件有利于三环萜烷的形成、保存和转化；另一方面也表现出运移的特征，由于三环萜烷比五环三萜烷更容易运移，因此随着运移距离的增加二者的比值增大。此外，样品中伽马蜡烷普遍存在，较多资料表明在蒸发盐湖和碱性湖泊中常出现伽马蜡烷。而样品中伽马蜡烷 /C_{30} 藿烷比值相对较低，反映了海陆交互沉积的特征。

综合上述研究可以得知，川东北地区飞仙关组组滩气藏储层中的固体沥青具有正构烷烃分布呈单峰型，不存在明显的奇偶碳数优势，Pr/Ph 比值小于 1.0，多数 0.8；规则甾烷以 C_{29} 甾烷为主，C_{27} 次之，C_{28} 最少等特征。说明其母质主要来自海相水生生物，但也有陆源高等植物的贡献。同时川东北下三叠统飞仙关组鲕滩气藏为古油藏原油裂解气，与上二叠统长兴组礁气藏天然气具有相似的组分、同位素等特征，而长兴组天然气主要来源于上二叠统以腐泥型为主的烃源岩，由此推测鲕滩储层的固体沥青和天然气主要与上二叠统以腐泥型为主的烃源岩有关，同时也可能有上二叠统煤系泥岩的部分贡献。另外，根据固体沥青主要分布在飞仙关组中下部，且层位比较稳定，而飞仙关组又紧邻上二叠统地层之上，在纵向上自然也构成了有利的生、储、盖组合。

（二）固体沥青有机地球化学测定技术在鄂尔多斯盆地下古生界储层研究中的应用

鄂尔多斯盆地下古生界储层沥青的来源一直是困扰人们的一个重要话题。人们对该盆地下古生界油气来源进行过很多研究，既有"上古说"，也有"下古说"，还有二者兼有之，即"上古和下古共同说"。如果下古生界油气来源问题能够得以很好的解决，则沥青的来源也就迎刃而解了。同时如果对沥青来源能够有一个正确而全面的认识，有助于对下古生界油气来源问题的解决。此次在沥青光性特征分析基础上，特别是根据沥青丰度的高低，选择鄂 7 井、鄂 9 井及旬探 1 井的部分层段储层碳酸盐岩（其中有机质丰度为 0.4% ~ 0.6%，沥青含量高达 70% ~ 85%），利用氯仿进行抽提并分析其生物标志化合物，探讨沥青的成因与来源。

1. 氯仿沥青"A"及族组成

氯仿沥青"A"含量介于 0.007～0.1044mg/g 之间；饱和烃大多介于 26.68%~50.11%，旬探 1 井有一个样品（6-4/43）饱和烃仅 1.57%，这可能与该样品沥青来源于晶洞有关，因为赋存于晶洞中的沥青的轻质部分已经挥发掉，而重质部分残留在晶洞，导致饱和烃含量偏低而沥青质含量达 88.25%；非烃 + 沥青质含量介于 36.01%~98.13%，总体上看非烃和沥青质含量偏高，这和该盆地下古生界碳酸盐岩沥青主要赋存于孔洞、晶洞及裂缝中有直接关系；沥青中芳烃含量仅 0.3%～13.88%，表明沥青主要来源于低等水生生物，这也决定了氯仿沥青"A"的族组成。

2. 气相色谱特征

色谱峰主要有前高双峰型、后高双峰型和正态分布型这 3 种类型，其中以前高双峰型为主，从另一个角度反映水生生物是其主要来源。轻重组分比值（$\Sigma C_{21}^{-}/\Sigma C_{22}^{+}$）介于 0.40~6.70，平均为 2.0，以轻组分为主。烷烃组成以正构烷烃为主，占 60.27%～82.84%，平均为 70.1%；异构烷烃仅占 17.16%～39.72%，平均为 29.0%。姥鲛烷与植烷比值（Pr/Ph）均小于 1，一般在 0.6～0.8 之间，反映沉积和早期埋藏时处于还原环境。Pr/nC_{17} 介于 0.2～0.6 之间，Pr/nC_{18} 介于 0.2～1.2 之间，反映典型的海相沉积环境。OEP 值为 1 左右，呈奇偶均势，CPI 介于 1.05~1.38 之间，表明有机质热演化程度较高。上述认识与有机岩石学研究结果完全一致。

3. 甾、萜烷参数特征

传统理论认为 C_{29} 是高等植物来源的甾烷，因此常用 C_{27}/C_{29} 比值来反映有机质来源。在鄂 7 井、鄂 9 井和旬探 1 井中 C_{27}/C_{29} 比值介于 0.98～1.42；而李华 1 井、李 1 井、天 2 井及陕参 1 井中，该比值小于 1，介于 0.5～0.7，明显以 C_{29} 甾烷占优势。吴庆余在研究前寒武纪富藻叠层石时也发现存在 C_{29} 甾烷优势。在鄂 7 井、鄂 9 井及旬探 1 井中 C_{27}、C_{28}、C_{29} 甾烷呈"V"字形分布。这种现象显然不能简单地得出以高等植物为主的生源解释。与此相反，更合理的解释应该是 C_{29} 留烷来源于藻类等低等植物以及浮游动物。Palccas 在研究南佛罗里达盆地海相碳酸盐岩时也发现，C_{29} 留烷含量也明显大于 C_{27} 留烷，与鄂尔多斯盆地研究结果完全一致。

从 C_{27}、C_{28} 及 C_{29} 甾烷分布特征来看，盆地中部、南部和西部生源差异不大。甾烷 C_{29} $\alpha\alpha\alpha$ 0S/（20S+20R）大多介于 0.4～0.5 之间，而留烷 C_{29} $\alpha\beta\beta/(\alpha\alpha\alpha+\alpha\beta\beta)$ 介于 0.3～0.5 之间，反映研究样品中有机质热演化程度较高，接近或达到异构化终点。孕留烷和升孕甾烷在研究区样品中普遍存在，含量占规则甾烷的 5%～25%。一般认为，孕甾烷和升孕甾烷是膏盐环境的特征化合物之一，但是，它们不仅与环境有关，同时也与有机质热演化程度有关。因此，孕甾烷和升孕留烷的普遍存在也意味着研究层段有机质的热演化程度已达到较高阶段。

萜烷化合物是鄂尔多斯盆地下古生代碳酸盐岩中又一重要的生物标志化合物，已检测出的有倍半萜烷、三环萜烷、四环萜烷及五环三萜类等。三环萜烷化合物碳数分布为 $C_{19} \sim C_{31}$，一般认为属海相成因。据 Aquino Neto 研究认为，三环萜烷主要由微生物细胞膜中三环类异戊二烯醇组成，可能与某些菌藻类具有一定的成因联系。鄂 7 井及旬探 1 井样品中三环萜烷碳数分布以 C_{23} 为主峰碳，且 $C_{23} > C_{21}$。刘大锰等研究粘球藻热模拟时也得出类似结果，表明样品中有机质主要为藻类生源。

在鄂 9 井及旬探 1 井样品中三环萜烷碳数分布以 C_{21} 为主峰碳，且 $C_{21} > C_{23}$。刘大锰等研究虾帖热模拟时也得出类似结果，这表明样品有机质主要为水生动物生源。检测到的五环三萜类化合物主要有藿烷与莫烷系列、伽马蜡烷等，其碳数分布介于 $C_{27} \sim C_{35}$ 之间。伽马蜡烷在研究区普遍存在，伽马蜡烷 /C_{31} 藿烷比值介于 0.11 ~ 0.29。伽马蜡烷含量在盆地南部的旬探 1 井较低，而在盆地西部李 1 井、李华 1 井、天 2 井含量较高，盆地中部陕参 1 井也具有较高含量，这表明盆地中部和西部水介质还原程度高，而南部还原程度相对较弱。Tm/Ts 比值与伽马蜡烷相对含量的分布一样具有相似的变化规律。该比值反映沉积、成岩作用时氧化作用的强弱和热演化程度的高低。众所周知，鄂尔多斯盆地下古生界碳酸盐岩中有机质均已达到高—过成熟阶段，所以 Tm/Ts 值的大小主要反映氧化作用对有机质的影响。盆地西部李 1 井、李华 1 井和天 2 井 Tm/Ts 值最低，反映所处环境的有机质还原程度最高，中部陕参 1 井也具有较高的还原环境；而南部旬探 1 井和西部鄂 7 井、鄂 9 井 Tm/Ts 值较低，反映这些地区沉积环境的氧化程度较高。C_{31} 藿烷（22S/22S+22R）介于 0.54~0.55 之间，表明有机质异构化程度已经很高；C_{30} 留烷 / 藿烷较低，仅 0.11~0.13，表明留烷含量较低而藿烷含量较高。这两个参数主要反映热演化作用对有机质的严重影响。

上述氯仿沥青 "A" 和生物标志化合物分布特征的研究表明：储层中的固体沥青和天然气主要来源于母质为低等水生生物的下古生界烃源岩，是下古生界古油藏热裂解的产物，固体沥青普遍达到高—过成熟阶段，对其深入研究有助于了解和查明下古生界油气成藏的过程和期次以及发育的规模。

第 二 章　碳酸盐岩油气成藏主控因素

第一节　强生烃区对油气藏的控制作用

一、三大盆地海相烃源灶与油气藏分布的关系

塔里木盆地、四川盆地及鄂尔多斯盆地是我国较为典型的分布有海相碳酸盐岩油气田的三大盆地,其油气田分布明显受烃源岩强生烃区的控制。

塔里木盆地台盆区有寒武系和奥陶系两套主要烃源岩。中—下寒武统发育两种高丰度烃源岩有机相类型,即边缘拗陷饥饿盆地浮游藻类有机相和台内坳陷蒸发潟湖盐藻有机相。前者主要分布在满加尔坳陷及周缘地区;后者主要分布在塔北隆起西部、阿瓦提凹陷、巴楚地区—麦盖斜坡和塘古孜巴斯凹陷地区,面积约 $20 \times 10^4 k\ m^2$。

四川盆地海相烃源岩主要包括下寒武统、下志留统、下二叠统、上二叠统 4 套烃源岩。各套烃源岩的强生烃区(生气强度 $> 20 \times 10^8 m^3/k\ m^2$)与油气藏分布有较为密切的关系。目前已发现的油气藏主要分布在各套烃源岩的强生烃区及其周围地区,同时也预示着那些尚未有勘探发现的强生烃区具有较大的油气勘探潜量。

鄂尔多斯盆地发育广覆式沉积的奥陶系海相碳酸盐岩,厚度大,中部地区大多在500m 以上,有机碳含量大于 0.1%,高值区达 0.3%,以菌藻类、水生浮游生物为主要生源,有机质类型为腐泥型和腐殖—腐泥型,热演化程度达到高—过成熟阶段,具有较好的生气能力,为奥陶系风化壳气藏的形成提供了气源条件,有利于天然气的聚集成藏。目前已探明的中部气田正好位于其生烃中心附近。

对鄂尔多斯盆地 30 口重点探井的生气强度进行计算,编制了生气强度等值线图。奥陶系生气中心主要位于中东部地区及西部的部分地区,盆地总生气量约为 188×10^{12} m^3,其中碳酸盐岩总生气量约占 $124 \times 10^{12} m^3$。中东部地区生气强度可达 $22 \times 10^8 m^3/k\ m^2$,分布面积广,已达到形成高效大中型气田的强力注气源条件;西部地区虽然生气强度大,但分布范围比较小;在中央古隆起部位生气强度很小,一般低于 $2 \times 10^8 m^3/k\ m^2$。

二、海相烃源岩热演化史控制了油气藏相态的分布

塔里木盆地台盆区寒武系—奥陶系烃源岩有机质类型主要为腐泥型,次为腐殖—腐泥型,因而以成油为主。但由于其成熟度普遍较高,特别是寒武系烃源岩,普遍达到高—过成熟阶段,从而决定了塔里木台盆区以油为主、既富油又富气的油气资源特点。

已探明的储量中，黑油占主要部分，站台盆区油气总探明储量的66%，黑油加凝析油占72%，气层气占26%，气层气加溶解气占28%。

塔里木盆地寒武系—奥陶系烃源岩热演化程度总体表现为西低东高。特别是寒武系烃源岩，其成熟度明显具有东高西低的分布特点，盆地东部埋深大，现已达到过成熟，而在盆地西部广大台地相区成熟度相对较低。因而，台盆区海相油气分布便具有西油东气的分布特点，以满加尔油气系统最为典型。已发现的气藏主要分布于塔中隆起和塔北隆起的东部，而满西、东河塘和英买力地区则以形成油藏为主。

与台盆区形成鲜明对比的是，塔里木盆地前陆区明显以气为主。这主要是由前陆区烃源岩母质类型及其成熟度决定的。塔里木盆地前陆中生界烃源岩有机质类型以腐殖型为主，次为腐泥—腐殖型，且煤系烃源岩发育，因而以成气为主。烃源岩成熟度高也是前陆区富气的一个重要原因，如库车前陆区三叠系—侏罗系烃源岩在拗陷中心普遍已达到高—过成熟阶段，由坳陷中心向南北边缘，成熟度降低；烃源岩成熟度还表现为西高东低，因而油气分布便具有内气外油、天然气西干东湿的分布特点。

由于多套轻源岩的叠加复合及其成熟度在不同地区的差异性，决定了塔里木盆地普遍具有多期成藏的特点。如台盆区发育两套优质海相烃源岩，即中—下寒武统和中—上奥陶统，两套烃源岩在分布、有机质类型和热演化史方面存在着明显差异，同一套烃源岩在不同地区也有着不同的成熟度和热演化史。两套烃源岩的叠合分布，决定了台盆区存在多个成藏时期。目前已得到肯定的至少有3个成藏时期，即晚加里东—早海西期、晚海西期和喜马拉雅期，另外燕山期可能也为一成藏时期。其中晚海西期是目前台盆区所发现油藏的主要成藏时期，其次是喜马拉雅期。前者形成的主要为原生油藏，后者形成的主要是次生油藏（由古油藏调整再形成的油藏）。不同期次油气藏在相态特点和区域分布上存在一定差异。

三、原油裂解气气源灶有利于高效大气田的形成

原油裂解气是指在一定的高温条件下原油裂解生成的天然气。它包含两部分含义：一是在生烃过程中，干酪根生成的原油在烃源岩中直接裂解生成的气；二是原油从烃源岩运移至储层中成藏后高温下裂解生成的天然气。在四川盆地东北部地区和塔里木盆地台盆区，发育原油裂解气气源灶，有利于高效油裂解气气田的形成。

四川盆地东北部地区勘探程度较高，鲕粒白云岩储层发育，距离烃源岩生烃中心近，具备较好的原油裂解成气藏的地质条件。特别是近年来，在该区罗家寨、渡口河、铁山坡和金珠坪等构造带上勘探取得明显成效，发现了丰富的油裂解型天然气资源。

上二叠统烃源岩的生气中心分布在研究区的东南区域，由东南向西北和西南方向，生气强度逐渐较低。罗家寨及滚子坪构造带距离烃源岩的生气中心最近，位于生气强度$(25\sim35)\times10^8\mathrm{m}^3/\mathrm{k}\,\mathrm{m}^2$范围内；渡口河构造带次之，位于$(20\sim25)\times10^8\mathrm{m}^3/\mathrm{k}\,\mathrm{m}^2$范围内；铁山坡及金珠坪构造带距生气中心相对较远，均位于$(15\sim20)\times10^8\mathrm{m}^3/\mathrm{k}\,\mathrm{m}^2$范围内。

从目前的研究程度不能完全排除志留系和下二叠统烃源岩对飞仙关组储层天然气有贡献。倘若如此，则只会增强烃源岩气源灶对气田规模的控制作用，因为志留系和下二叠统两套烃源岩生气中心同样在东南区域，并由东南向西北和西南方向，生气强度逐渐降低。可见，烃源岩气源灶对天然气田的分布具有明显的影响。

在塔里木盆地台盆区，油裂解气气源灶也有利于高效气田的形成。喜马拉雅期以来，由于巴楚与塔东隆起的强烈抬升造成隆起上寒武统烃源岩的生烃终止，满加尔凹陷、阿瓦提凹陷寒武系烃源岩因长期持续演化进入生烃衰竭区，在塔北荫起周缘，寒武系烃源岩受新生代的快速沉积影响进入生烃高峰期，形成古隆起周缘最有效的生气灶。巴楚凸起上的寒武系晚海西期供烃中心只在特定阶段具有有效性。由于现今的巴楚凸起在中生代前为一个区域北倾的斜坡，寒武系烃源岩演化至晚海西期已接近高演化阶段，油气运移的指向是由北向南，形成了巴什托普油气藏，并可能在和田北古隆起附近形成规模较大的古油藏。随着巴楚凸起晚海西期末的抬升，寒武系烃源岩停止演化，其成熟度被冻结，该供烃中心即失去了其有效性。喜马拉雅期位于麦盖斜坡西南部的寒武系供烃中心，实际上是海西晚期在和田北古隆起附近形成的古油藏在喜马拉雅期由于快速深埋发生裂解，而成为一个向巴楚凸起南缘玛扎塔格构造带供气的供烃中心。满加尔东部—英吉苏凹陷同样存在一个油裂解气生烃中心。

第二节　成藏期古流体势对油气藏分布的影响

油气生成以后会在一定驱动力下随着地层水流动缓慢运移，在适当条件下聚集成藏。据流体动力学研究，这种驱动力为流体势梯度，流体总是从高势区向低势区运移。

古流体势是古流体密度、压力和相对高程的函数。计算古流体势的关键是估算古压力。目前，利用流体包裹体估算古压力的方法有 3 种：CO_2 容度法、盐度—温度法、流体包裹体 PVT 模拟法，本书采用的是盐度—温度法。

通过对塔里木盆地塔中地区、鄂尔多斯盆地中部气田和四川盆地东北部地区储层岩石样品流体包裹体的实际分析和古流体势的计算，揭示成藏期古流体势分布与油气运聚的关系，进一步了解其对油气成藏的影响。

一、塔中地区奥陶系古流体势分析

对塔中地区 21 口井 48 块储层岩石样品，进行流体包裹体的分布特征统计、荧光特征分析、均一温度和盐度测定等，在此基础上，计算和分析塔中地区古流体势变化，发现塔中地区奥陶系喜马拉雅期有大量高成熟油气运移，塔中 I 号坡折带流体势较低，是油气运移指向区。

塔中地区所测亮晶方解石中包裹体成因类型为原生包裹体，组成类型有盐水包裹体、气烃包裹体、液烃包裹体和沥青质包裹体。盐水包裹体无色、透明，形状规则，一般都

小于 $10\mu m$，其气液比一般小于 15%；气烃包裹体颜色多为暗灰色或黑色，形状大多不规则，大小不一；液烃包裹体多呈肉红色，一般在 $10\mu m$ 左右；沥青质包裹体较大，颜色暗灰色—黑色，一般在 $10\mu m$ 至 $20\mu m$ 左右。通过对塔中地区亮晶方解石中各类包裹体的统计，液烃包裹体较少，占包裹体总数的 2%，气烃包裹体、沥青质包裹体、液相盐水包裹体和气液盐水包裹体分别占包裹体总数的 30%、21%、29% 和 18%。气烃包裹体与沥青质包裹体的比例较高，说明亮晶方解石中包裹油气的成熟度较高。

荧光观测可以直观有效地区分盐水包裹体和液烃包裹体，盐水包裹体荧光下无显示，烃类包裹体因有机质的演化程度不同发光颜色与强度也不同，气烃包裹体一般不发光。根据施继锡等研究，从低成熟到高成熟，有机质的荧光颜色变化规律为：浅黄（亮黄）色→褐黄色→棕色→暗蓝色→蓝灰色→无荧光。

塔中地区部分井内发现发荧光有机包裹体，液烃包裹体偏光镜下多为红色，荧光镜下一般发强黄白荧光，但数量较少；固体沥青包裹体少数发浅黄或褐红色荧光，多数无突光显示。由此表明方解石形成时（喜马拉雅期）演化程度比较高。荧光显示较强的井集中于中部、西北部和东南部，形成一条北东—南西的油气发育带。塔中 60 井的荧光显示非常强，也证明了该区油气曾发生大量运移。

通过包裹体均一温度与盐度测定可以直观地解释不同成藏期，计算古流体势。测得均一温度比较单一，从 $45℃\sim120℃$，主要集中于 $70℃$ -$100℃$ 范围，峰值在 $80℃$。据该区构造演化史分析，这期包裹体是在喜马拉雅期形成的。

依据包裹体盐度—温度法，计算了塔中地区奥陶系古流体势值变化，塔中地区奥陶系古流体势值最低的点为塔中 401 井（3214 m^2/s^2）和塔中 1 井（8568 m^2/s^2），为油气的指向区；西北部与东南部局部也有油气集中区，流体势值较低的井还有塔中 24 井（27972 m^2/s^2）和塔中 451 井（28583 m^2/s^2）。

二、鄂尔多斯盆地古流体势分析

利用包裹体资料和数值模拟计算，可以得到鄂尔多斯盆地下古生界古流体势分布情况，从而为识别油气运聚方向提供依据。在油气藏形成后的地史时期中，因构造运动造成盆地流体势改变，所以有可能发生多期油气运移。由于奥陶系烃源岩的生烃门限在二叠纪至侏罗纪，因此只有晚期的油气运移才是有效的运移。对鄂尔多斯盆地中部气田奥陶系方解石脉中流体包裹体流体势进行计算并绘制成图，结果规律性明显：整体看来，北部最高，南部次之，靖边中心地区最低，因此推测油气可能由南北和中心运移。

三、四川盆地古流体势分析

四川盆地飞仙关组方解石矿物中包裹体均一温度大致将其分成 4 组，即小于 $100℃$、$100℃\sim140℃$，$140℃\sim180℃$ 和大于 $180℃$。罗家寨地区包裹体均一温度分布在 $90℃\sim200℃$ 区间内，其中以 $140℃\sim160℃$ 的样品占多数。渡口河地区包裹体均一温度比罗家寨地区相对高，基本上是以大于160℃为主，且以180℃～200℃占优势。铁山坡地区包裹体均一温度主要分布在大于100℃的区域内，小于100℃的均分布在坡3井，100℃～14℃的分布在坡2井和坡3井，140℃以上的3口井中均有。

根据包裹体均一温度的测定结果，进一步估算四川盆地飞仙关组不同期次包裹体中的流体势，从而确定油气运聚的方向。它再现了地质历史时期内油气的动态变化过程。

第三节　构造事件对油气生成、运移聚集的影响

一、构造热事件加速烃源岩熟化和快速生烃

（一）鄂尔多斯盆地晚侏罗世至早白垩世构造热事件促使下古生界烃源岩快速生气

盆地地热场是控制油气生成、演化和消亡的主要因素之一，而地热条件变化受当时盆地发育的构造背景、类型的制约。

早古生代，鄂尔多斯盆地作为华北地块的一部分，从寒武纪到早奥陶世沉积了一套400~1000m厚的浅海台地相碳酸盐岩。从这个陆架的宽度和以碳酸盐岩沉积为主的稳定程度判断，这个陆缘的构造性质应为被动陆缘。鄂尔多斯盆地西缘为贺兰坳拉谷，其中沉积了较厚的早古生代碳酸盐岩地层，向鄂尔多斯盆地内部厚度明显减薄并趋于稳定。因此鄂尔多斯盆地在早古生代不管是西缘还是南缘构造性质都为张性，属于被动大陆边缘环境，在沉积和构造上十分稳定。这类似于现今的大西洋边缘的墨西哥湾盆地、加蓬盆地以及刚果盆地。这几个盆地现今地温梯度：墨西哥湾盆地为2.5℃/100m，加蓬盆地为2.5℃/100m，刚果盆地为2.7℃/100m。鄂尔多斯盆地早古生代的地温梯度值比较低，在2.5℃～3.0℃/100m之间。

前陆盆地以地温梯度低为特征，像伏尔加—乌拉尔盆地、波斯湾盆地等，因此鄂尔多斯盆地晚古生代—中生代三叠纪地温梯度可能为2.2℃～2.4℃/100m。

中生代晚期鄂尔多斯盆地具有异常高的古地热场，这已从包裹体均一温度、镜质组反射率和磷灰石裂变烃迹等资料恢复的古地温得到证实。渭北隆起最大古地温梯度可达5.56℃/100m，天环向斜相对较低，为3.71℃/100m，盆地腹部古地温梯度居中，为4.04℃/100m，盆地古地温场较高，奥陶系中部一般都超过200℃，烃源岩有机质热演化整体都已进入高成熟—过成熟阶段，天然气大量生成且生气总厚巨大。根据裴锡古资料，燕山旋回生气速度大，生气量多，占奥陶系总生气量的52%。

鄂尔多斯盆地高地温的产生可能与燕山期的岩浆活动有关，盆地西南部龙2井、东北部的紫金山及西部鄂托克旗西的高镜质组反射率值均与中生界的侵入岩体或隐伏岩体相对应。而盆地及周边地区中生代岩体同位素年龄测定结果表明，紫金山岩体同位素年龄为125～158.4Ma，乌海市北岩体同位素年龄为187Ma，山西南部塔儿山一二峰山地

区岩体同位素年龄为 91.5 ~ 138Ma, 以上各岩体的年龄主要分布于 91.5 ~ 130Ma, 即晚侏罗世至早白垩世末。因此, 在燕山期很有可能发生了一次相当规模的隐伏岩浆侵入活动, 造成该地史期高的古地温梯度, 高地温梯度使得烃源岩在晚侏罗世—早白垩世快速熟化, 由于构造热事件, 烃源岩的熟化速率可达 0.032% (R_o)/Ma, 而在此之后, 熟化速率很低。

新生代以来, 鄂尔多斯盆地不断抬升剥蚀, 地壳增厚, 地温梯度降到 2.2~3.2℃/100m, 平均为 2.8℃/100m, 奥陶系烃源岩生气停滞。

从以上分析可以看出, 中生代晚期盆地及周围地区发生强烈的燕山中期运动, 盆地古地温场异常, 烃源岩有机质处于高—过成熟阶段, 大量生气。

(二) 塔里木盆地早二叠世岩浆活动促使寒武系—下奥陶统烃源岩大量生气

塔里木盆地塔中低隆起在其演化过程中经历了多期构造运动的改造, 使该区经历了 "4 次拉张、4 次挤压", 对应于盆地 4 次大的沉降和抬升。其中加里东早、中、晚期和海西早、晚期运动是该区最重要的构造事件。

塔里木盆地晚二叠世中天山与塔里木大陆发生碰撞, 火山作用活跃, 火山岩遍布盆地内当时接受沉积的所有区域。该期盆地古地温梯度很高, 如巴楚—麦盖提地区二叠世古地温梯度可达 3.5℃/100m, 对寒武系—下奥陶统烃源岩的热演化和生气影响非常大。在距今 290~250Ma 之间, 由于烃源岩成熟度快速增加, 天然气大量生成。

(三) 四川盆地古油藏大量裂解成天然气

早中生代构造——热事件使得四川盆地所有油藏和烃源岩进入过成熟阶段, 气藏的分布受古油藏分布的控制。

1. 志留系烃源岩——石炭系古油藏

石炭系古油藏主要是指志留系烃源岩在三叠系生成的大量烃类于晚三叠世运移至上覆石炭系碳酸盐岩储层。取 197Ma 为志留系烃源岩发生烃类运移的时间, 结合化学动力学计算可以得到发生运移时液态轻转化率为 49.1%, 即有总烃量的 49.1% 将在上覆储层中发生油裂解成气。

志留系烃源岩生成的气与由志留系烃源岩生成的原油在石炭系储层中裂解成气对气藏的贡献相当, 二者之和达 96.14 × 10⁸ m³/k㎡, 可排气总量达 69.12 × 10⁸m³/k㎡, 可以形成很好的大型气田(> 40 × 10⁸m³/k㎡)。志留系烃源岩与石炭系古油藏的生气量与可排气量在同一个数量级上, 因此不仅要找古油藏裂解气, 也不可忽视由志留系烃源岩生成的气。志留系—石炭系储层含油气系统中志留系烃源岩主要生排气时间在 215—205Ma 时间段内, 而现今可排气量有所下降是由于生烃终止而扩散继续, 使得可排气量下降。古油藏油裂解气主要发生在 165~153Ma 时间段内, 其中古油藏油裂解气贡献为 53.7%, 稍大于志留系烃源岩直接生气贡献量 46.3%。这也反映了古生代烃源岩(或更早)

生成的液态烃类发生运移至浅层保存,形成古油藏,由于油裂解需要温度较高(150℃),所以古油藏再次埋深发生裂解时间相对较晚,因此对现今油气藏较为有利。

2. 二查系烃源岩——三叠系古油藏

取 197Ma 为二叠系烃源岩发生烃类运移时间,结合化学动力学计算可以得到发生运移时液态烃转化率为40%,即有总烃量的40%将在上覆储层中发生油裂解成气。

二叠系烃源岩生成气和由二叠系烃源岩生成的原油在三叠系储层中裂解成气对气藏的贡献相差悬殊,由二叠系烃源岩直接生气居多,达66%,二者之和达 $60 \times 10^8 m^3/k \ m^2$,可排气总量达 $40 \times 10^8 \ m^3/k \ m^2$,可形成很好的大型气田($> 40 \times 10^8 m^3/k \ m^2$)。二叠系烃源岩——三叠系古油藏含油气系统中二叠系烃源岩(主要生排气时间在 197~181 Ma 和 165—153Ma 两个时间段内,而可排气量有所下降是由于生烃停止而扩散继续,使得可排气量下降。对于二叠系烃源岩,197—181 Ma 时间段主要为干酪根生气阶段,165-153Ma 时间段为排烃后烃源岩继续埋深再次生成的液态烃裂解成气阶段,可以看出生气具有明显的两个阶段性。三叠系古油藏油裂解成气期主要为 165~153Ma,153Ma 之后虽然有部分气生成,但是由于生成气量较小,克服损失气后对成藏没有贡献。

二、构造作用对油气运移和保存的影响

(一)构造作用对油气运移的影响

油气的初次运移和二次运移总是与构造作用密切相关。生油层异常高压带内微裂隙的开启是油气初次运移的机制,不整合面和断裂构造油气二次运移的通道,区域张性长期古隆起决定了油气运移的指向,这些事实说明构造对油气运移具有重要的影响。

鄂尔多斯盆地奥陶系天然气开始运移时间在晚三叠世,早白垩世是油气大量运移时期,这里主要从晚三叠世到现今的古构造分析油气的运移方向。

1. 晚三叠世末

晚三叠世末鄂尔多斯盆地奥陶系顶面的埋深图显示,古构造格局整体反映出北高南低的特征,从庆阳至定边并一直向北,地势相对比较高,将盆地分成东西两个截然不同的部分,西部奥陶系顶部埋深线走向呈南北向,坡降较大,东部埋深线走向呈东西向,并且在东南部形成一个凹陷。

2. 晚侏罗世末——早白垩世末

晚侏罗世末的燕山Ⅲ幕是盆地极为重要的构造运动,它奠定了鄂尔多斯盆地现今构造面貌的基础。形成了北缘、西缘、南缘和东缘的逆冲推覆构造带,使盆地四周抬升成山,使鄂尔多斯真正成为一个封闭的统一盆地。

3. 晚白垩世

晚白垩世以来,在东亚濒太平洋边缘海盆地的扩张及西南板块对欧亚大陆的碰撞造山联合作用下,鄂尔多斯盆地及周缘出现总体扩张、右旋的成盆机制,形成银川、河套、汾

渭等断陷盆地,开始周缘断陷盆地的发育阶段。

4.现今

现今的构造格局东北高、西南低,中部气田的天然气发生重新调整,向东北方向运移。

(二)构造运动对油气保存的影响

奥陶系的区域盖层是上覆石炭系中、上统的暗色泥质岩类,这套盖层分布在盆地内部,面积广,封盖性能好,对奥陶系天然气的垂向封堵起着重要作用。盆地东部奥陶系内部的膏盐层和盆地西部的中奥陶统乌拉力克组及拉什冲组页岩层,是重要的地区性盖层。上倾方向的岩性遮挡与侵蚀沟对天然气区域性侧向封堵起重要作用。

鄂尔多斯盆地奥陶系沉积之后经历了加里东、印支和燕山等多次构造抬升作用,其中燕山运动表现最为强烈。一般来说,在盆地内部断层不发育,燕山运动对盆内气藏保存的影响作用不是特别明显,但对西缘、南缘及晋西挠褶带天然气保存条件影响比较大。例如在南缘,由于燕山期构造运动,使下古生界、上古生界和中生界不同层位自南向北依次出露,并且燕山期强烈的应力改造作用引起本区构造变形,产生了众多褶皱和由南向北推覆的高角度逆冲断层。南部一些探井奥陶系地层中发现一些沥青可以证实南部古生界原生气藏已损失殆尽。

第四节　古构造对天然气成藏的控制作用

天然气田,特别是大型、超大型气田多与地台型克拉通盆地的碳酸盐岩地层有关。统计表明,世界天然气储量的4/5在地台盆地中。而盆地的古隆起又对天然气田的定位起了十分重要的作用。这种古隆起是油气富集的主要场所。

中国主要碳酸盐岩发育区的天然气分布与古构造的发育密切相关。而古构造对天然气成藏的控制作用主要体现在形成古圈闭、改造储层、提供油气聚集场所及延缓烃源岩生烃时间等方面。

一、中国主要碳酸盐岩发育区古构造与油气分布的关系

四川、鄂尔多斯及塔里木盆地是我国碳酸盐岩油气田分布的主要领域,这些领域的油气田分布明显受古构造发育的控制。

四川盆地古隆起明显控制了该盆地不同层系的气田分布。由于四川盆地烃源岩成熟普遍较早,因此,古隆起的存在是油气能否运聚成藏的有利条件,事实也说明了这点。如加里东期乐山—龙女寺古隆起从寒武系到志留系剥蚀幅度达3000m以上,在喜马拉雅运动前有继承性发展特点,而下寒武统烃源岩于奥陶纪进入成熟生油,古隆起发展期间,生、排烃高峰期恰与古隆起的发生、发展相配合,有利于形成大中型气藏。已发现的威远和资阳震旦系气藏均受该古隆起控制,说明继承性发展的乐山—龙女寺古隆起是气

藏形成的关键。而印支期古隆起对石炭系、二叠系和中—下三叠统成藏组合也有明显的控制作用。印支早幕，乐山—龙女寺古隆起继承性发育，龙门山北段也开始隆起，泸州—开江古隆上升明盈，顶部缺失到嘉陵江组的部分层段，开江古隆起的范围小，顶部缺失到雷口坡组部分层段，推算剥蚀厚度约800m。下志留统烃源岩从石炭纪至侏罗纪为有机质成熟的生油高峰阶段，生烃强度高，而印支期开江古隆起已经形成，位于古隆起上的石炭系储层。由于受云南期古风化壳淋滤、剥蚀，形成溶蚀孔洞较发育的储层，为形成开江地区大中型气藏提供了有利的运移聚集条件。

飞仙关组组滩气藏虽然不完全位于印支期开江古隆起上，但古隆起的背景仍然对组滩气藏油气的早期运聚具有控制作用。对于四川盆地而言，其经源岩有机质成熟时期早，成油高峰期早，而局部构造圈闭主要形成于喜马拉雅期，油气成熟史与圈闭形成史两者搭配差，因此，继承性的古隆起、古背斜对油气的早期运移聚集起着重要作用。川东北部飞仙关组组滩分布于二叠纪开江—梁平海槽两侧，临近开江古隆起和大巴山古隆起的上倾方向，上二叠统和下三叠统烃源岩在三叠纪末古隆起进入生油高峰，开始大面积成熟生油；到了侏罗纪，川东北部地区该套烃源岩大面积进入生油高峰，油气沿古隆起高点运移和聚集，在往大巴山方向，组滩由于存在局部的岩性封堵条件，也可聚集先期油气。高产鲕滩工业气井多位于古隆起高部位，说明了古隆起控油的重要性。

上二叠统烃源岩进入生烃高峰之前，川东北部地区处于印支期开江古隆起的北端，是烃类的主要运移指向区。但就研究区内部而言，不同地区的古地貌格局仍然对油气的运移聚集起着控制作用。

塔里木盆地和田古隆起已钻井的油气测试成果表明，钻遇下奥陶统风化壳的井，区内圈闭形成晚，生油层位老，埋藏深，生油持续时间较长，因此油气能否有效地与圈闭相配套就成为影响成藏的关键因素之一。这种古隆起为气藏的最终形成提供了有利的富集场所。

二、古构造与天然气成藏

（一）有利于形成古圈闭

与古隆起密切相关的古圈闭主要有构造圈闭、岩性地层圈闭、构造—岩性复合圈闭等，这些圈闭与古隆起同时或在古隆起之后形成。

发育于乐山—龙女寺古隆起上的古圈闭具有长期继承性发育的特点，在早古生代已具雏形，在印支、燕山期发展并定型。由于印支期龙门山崛起并向盆地方向推挤，在古隆起轴部形成一系列古圈闭，如资阳古圈闭、磨溪—遂宁古圈闭。在燕山、喜马拉雅期，古隆起轴部古圈闭消失（如资阳古圈闭）或规模缩小（如磨溪—遂宁古圈闭），在古斜坡形成新的圈闭（如威远背斜、盘龙场构造）。开江古隆起的存在，为石炭系上翘边界形成大型地层—构造复合型圈闭提供了构造条件。川东石炭系分布范围内由石炭系上翘边界分别同继承型发展的开江古隆起、泸州古隆起、石柱古隆起构成 3 个大型地层—构造复合型圈闭，其中，开江古隆起隆起幅度达 800~1400m，东西两侧古圈闭面积分别为 1970km² 和 2180km²，泸州古隆起北缘古圈闭和石柱古隆起古圈闭面积分别为 2200km² 和 2530km²，它们控制了川东石炭系储层中油气的二次运移和早期聚集。

塔里木和田古隆起的构造演化经历了 3 个伸展—挤压旋回，在伸展阶段接受稳定沉积，除有可能形成岩性圈闭外，对以构造与地层圈闭为主的圈闭形成意义不大。因此，挤压阶段控制了构造与地层不整合圈闭的形成与发育。加里东运动以抬升剥蚀为主，而海西运动和喜马拉雅运动则以强烈的推覆为主。因此，早古生代主要发育非构造圈闭（岩性圈闭、地层圈闭）和复合圈闭，晚古生代和新生代则主要发育构造圈闭。

（二）有利于储层储集性能的改善

乐山—龙女寺古隆起是受川中及龙门山基底隆起控制的、具有一定继承性的隆起，至少在桐湾运动已具雏形，后经兴凯运动、加里东运动的继承演化，直至海西早期（二叠纪前）最终定型，经历了多旋回的同沉积隆起兼剥蚀隆起、志留纪末至早泥盆世的强烈隆起与剥蚀、石炭纪的夷平过程，最终于早二叠世被海水淹没。因此，继承性发育的乐山—龙女寺加里东古隆起，在早古生代各时期的海进海退沉积层序非常清晰，形成了有利的储集相带；同时由构造隆升引起的大规模海退所形成的侵蚀暴露面也常见，碳酸盐岩沉积期溶蚀性储层发育，这类溶蚀性碳酸盐岩储层在古隆起部位的灯影组二一三段、中一上寒武统洗象池群内部及古隆起边缘中奥陶统宝塔组均可见到。古隆起部位在后期的构造抬升作用下，地层长期遭受剥蚀，常常形成喀斯特地貌，有利于形成改造型储层。乐山—龙女寺古隆起轴部大面积的志留系、寒武系被剥蚀，溶蚀性碳酸盐岩储层发育，为油气提供了有效储集空间。

根据统计，资阳地区 7 口井岩心平均溶洞密度为 25 个 /m，累计溶洞层数为 103 层，厚度为 89.73m 平均基质孔隙度（1803 个样品）为 1.7%，全直烃岩心孔隙度（90 个样品）为 5.76%，而威远地区 11 口取心井统计资料，溶洞密度为 1.3 个 /m，累计溶洞层厚度为 26.13m，平均基质孔隙度（6178 个样品）为 1.85%，全直烃岩心孔隙度（137 个样品）为 3.92%。

鄂尔多斯盆地在中—新元古代时正处于拗拉谷发育阶段，由于晋宁运动的影响，贺兰、秦晋拗拉谷充填黏合而关闭，从而奠定了盆地发展演化的基础。早古生代时，盆地处于浅海台地发展阶段，由于南北受加里东地槽控制，东西被残存的拗拉谷夹持，中部则发育一正向构造单元，即中央古隆起。该隆起雏形于寒武纪，发育于奥陶纪，是由于奥陶纪裂谷扩张引起的均衡作用，导致裂谷肩处发生翘升而形成的一个大型隆起。相应在其东侧因均衡调节而伴生一南北向边侧坳陷，二者相互协调，长期并存，不仅控制了下古生界的沉积，而且对古岩溶的发育具有重要的影响。

塔里木盆地和田古隆起受加里东和早海西构造运动影响，间断或长期出露地表，遭受淡水淋滤、风化剥蚀。古隆起的顶部分别缺失泥盆系、志留系和中—下奥陶统,在古隆起顶部轴线西侧是剥蚀叠加中心,下奥陶统上部厚约 300 m 的纯石灰岩也被剥蚀,出露中下部的细一粗晶白云岩地层。资料表明,这套地层在整个塔里木盆地分布都比较稳定,在长期风化条件下,特别是在极有利岩溶的古地貌和水动力环境条件下,虽然构造因素较差,但完全可能发育非均质局部层状岩溶储层。这种与区域不整合伴生的碳酸盐岩古岩溶相通常具有巨大的储集油气潜量。类似这种模式在早海西运动期整个塔里木仅塔北、塔中地区有分布,且有高产油气的获得,但其规模和大小比不上和田古隆起出露的范围。

(三)为油气早期聚集提供运移和聚集的场所

当古圈闭形成时间早于或与油气大量生成期相同时,古圈闭成为油气早期运聚的有利场所,形成了环绕古隆起分布的古油气藏(群)。最典型的实例是海西—印支期开江古隆起。勘探已证实早期聚集成藏的川东石炭系气藏勘探效果最好,储量大,丰度高。中三叠世末印支运动形成的泸州古隆起在晚三叠世—侏罗纪持续发展,尽管侏罗纪末的燕山运动使得川南隆起的最高部位向西偏移到自贡一带,但泸州古隆起仍处于区域隆起的高部位,有利于油气早期聚集。目前已发现的嘉陵江组气层均沿古隆起分布就是最好的例证。

塔中、塔北古隆起也是塔里木盆地两个重要的含油气古隆起。油气成熟度及沥青包裹体等研究表明,晚志留世—早泥盆世、白垩纪—古近纪、新近纪为塔里木盆地 3 个主要的油气运移与聚集期。晚志留世—早泥盆世是塔里木盆地的第一个大规模生排烃期,由于该时期志留系底面总体呈南高北低地势,塔中古隆起及其断褶构造带圈闭已经形成,因此,满加尔凹陷及塔中本地的油气主要向塔中古隆起运移。塔中古隆起是该时期最为有利的油气聚集目标,塔中古隆起志留系内广泛分布的沥青砂岩、局部残留的原油(塔中 11 井)等均是这次大规模聚集的结果。而塔北地区当时处于或靠近盆地沉积中心,古隆起尚未形成,大量向北运移的油气指向比较分散,奥陶系溶蚀孔洞性储层内普遍见油气充注。

(四)延缓生烃时间

四川古隆起轴部继承性发育,延缓了古生界特别是寒武系烃源岩的生烃时间。通过对下古生界不同构造位置钻遇的烃源岩成烃史研究表明,古隆起轴部寒武系烃源岩主生油期在中侏罗世,主生气期在晚侏罗世—早白垩世;而川东南坳陷寒武系烃源岩主生油期在二叠纪—早三叠世,主生气期在中三叠世—早侏罗世。

塔里木盆地和田隆起区古生界存在两套烃源岩:寒武系—奥陶系烃源岩和石炭系一二叠系烃源岩。和田古隆起的演化影响着这两套烃源岩的热演化成烃史。

田古隆起的存在,使石炭系一二叠系烃源岩在隆起区内还未进入大量生油气阶段,只是在北部处于低成熟阶段,但向南随地层埋深的增加,将会进入生排烃高峰期。

第 三 章 　碳酸盐岩油气藏地质建模

在复杂地质条件下，简化的油藏模型不能充分反映储层非均质性及对储层连通性和渗流机理的影响，所以建立油藏模型的关键就是精细刻画油藏地质情况。在碳酸盐岩油藏中这种情况更为突出，因为原岩通常经历了强烈的成岩作用。

油藏描述就是通过确定各种参数建立一个尽量真实的 3D 模型的过程。为了更好地理解碳酸盐岩油藏的非均质性及复杂性，像前面几章所介绍的那样，"岩石类型"的概念被广泛应用到研究中。

本章提供了一个阿布扎比陆上油田下白垩统碳酸盐岩油藏岩石类型及属性建模的例子，最终的目标就是要得到孔隙属性三维描述的多个实现而孔隙度和渗透率要与岩石类型相匹配、相一致，因此首先要对油田所有取心井取心段的岩石类型进行描述。

根据沉积相、成岩作用和岩石物理性质（包括孔喉分布、孔隙度和渗透率等）划分了储层岩石类型。岩石类型在垂向上的变化取决于沉积相，而沉积相的岩石物理表征（岩相）沿构造轴部向侧翼的变化主要受成岩作用控制。

考虑到取心井数量有限，建模首先从预测未取心井的渗透率和岩石类型开始，使用回归分析结合地质统计学方法预测渗透率，使用判别分析预测岩石类型。为了确保属性和岩石类型的一致性，对两者的预测结果进行了一致性检查，并将不一致的结果滤掉。用等岩石类型图这种地质概念模型检查未取心井的预测结果，并作为提取软信息（不同岩石类型的空间相关性）的工具。

一般情况下，确定了储层岩石类型及三维分布后，下一步就是建立基于井数据（测井和岩心）的属性模型，即孔隙度、渗透率和含水饱和度等模型。采用地质统计学方法建立了属性的三维分布。这种方法不仅利用了每种属性的约束数据和空间相关性，而且还考虑了局部每种属性与岩石类型的关系。另外，从成岩模型中获取的一些认识在建模过程中也作为一种约束，以便最大限度地保证模型符合地质概念。如果资料齐全，结合其他信息有助于提高属性模型的精度，尤其是地震资料。将测井数据网格化时，选择了适当的粗化方法和网格步长，以保留储层的非均质性。为了捕捉和量化模型的内在变化，建立模型时产生了多个实现。

第一节　储层岩石类型表征

国外学者针对阿布扎比陆上油田下白垩统某碳酸盐岩油藏描述了五个层的岩石类型，本节将对油藏中最重要的 Zone B 层进行储层岩石类型表征。Zone B 层是

BarremianAPVTian 阶 Kharaib 组顶部的孔隙型碳酸盐岩储层，沉积于早白垩世海退期开阔浅水陆棚及局限潮下环境。ZoneB 层共建立了四个主要的沉积相单元，而每个沉积相单元又细分成几个岩相单元。这些不同厚度和物性的岩相单元覆盖了整个油田，上部主要是颗粒灰岩和泥粒灰岩，下部主要是粒泥灰岩和泥灰岩。

整个地质历史时期储层岩石经历了多种成岩作用，如重结晶作用、溶解作用、压实作用、压榕作用和胶结作用等。总的来说，油藏顶部的孔隙度和渗透率较好，随着埋藏深度的增加孔隙度和渗透率逐渐减小。含油岩石的孔隙度下降与埋藏深度有直接关系，而在含水岩石中则不存在这种递减趋势。这主要是因为石油的出现减弱了除压实作用以外其他成岩作用的影响（压实作用是无法抗拒的），从而保留了岩石的原始属性；孔隙下降凸显了压实作用的影响：含水岩石中其他成岩作用的综合影响远大于压实作用，因此，储层物性与埋藏深度关系不大，无论是顶部储层还是底部储层孔隙度都有同样的变化趋势。

储层性质在垂向上的变化与沉积相、储层结构及成岩作用密切相关：而对于同一岩相单元，储层性质在平面上的变化主要受控于成岩作用（压实作用和压溶作用），致密段的出现就是一个例子。其中一些是缝合线，其相对丰度反映了此现象的规模。缝合线存在于所有岩相和油藏单元中，只是出现的频率不同，其中沿构造走向朝翼部和鞍部出现的频率会多一些。

在 ZoneB 层内，岩石类型在横向上和纵向上均有所变化。通常是上部质量较好，下部质量较差。总体来说，顶部区域所有的岩石类型在平面上向翼部和鞍部逐渐变差，只是在全油田范围内变差的程度不同。对比岩石类型在油田中的分布发现低质量的岩石类型主要分布在油田北部和西部。

第二节　稳定区确定

稳定性分析的目的是确定一个区域，在这个区域当中井点处的储层属性是基本稳定的，并假设井点数据能够代表井间。简单来说，稳定性分析就是确定建模是分一个区（sector）还是几个区。建模中稳定区的使用还有助于利用沉积和成岩的变化约束模型。也就是说，在垂向上模拟岩石类型要借助岩相的变化，在平面上模拟岩石类型要借助成岩作用的变化。

每个稳定区的边界可用定性和定量分析来确定。在定性分析过程中可以确定稳定区的初始边界，而定量分析可以确定稳定区的最终边界。定性分析一般通过地震属性进行，定量分析通常应用统计学方法。虽然统计分析中可以用到很多参数，但仅选取平均值和方差，这是因为平均值代表数学期望，而方差代表随机变量与数学期望之间的偏离程度。对于地质统计分析而言，需要同时满足平均值和方差的稳定。

此项研究中，借助两种地震属性数据，即能量半衰时和最大波峰振幅，确定稳定区之间的初始边界。

如果井距离边界很远,那么很容易确定它的归属。如果井距离边界较近,就不能直接确定。在这种情况下,可以将该井点的均值(如孔隙度)与区域内井点的均值进行对比,它更接近于哪个区就归属哪个区。

第三节　井网格平均化

属性建模通常产生在三维构造格架中,而三维构造格架是由主要的层面、断层和地震解释的深度建立的。这些因素决定了垂向网格化的定义,进而决定了垂向分辨率。这一分辨率通常比测井和取心段的要低,因此要对每个层内部垂向上的井数据进行平均化。

平均化过程产生的方式对于保留井点处的储层主要特征极为关键,因为这是下一步进行地质统计学分析和建模的基础。岩石类型建模尤其如此,离散型变量较连续型变量更难平均。但这个问题要辩证地看,通过直接干预平均化过程,为在工作流中引入某些"软"地质数据提供了机会。所谓直接干预平均化过程,是指根据岩石类型影响程度引入权重对岩石类型进行平均化排序,或建立 cut-off 截止值作为平均化过程的门槛。

就岩石类型平均化而言,使用了前一种处理方法。根据岩石类型对流体流动的影响程度给定不同的权重,即具有极端渗透率(非常高或非常低)的岩石类型与具有中等渗透率的岩石类型相比具有更大的权重。这样做的目的是尽量保留储层的非均质性。

另外,为了保留储层的非均质性,垂向网格化也很重要,需要认真对待。此例中,对于非均质性强的层,垂向网格步长选 1ft,与岩心的原始采样率一致;对于非均质性不强的层,可以放宽到 2ft。

第四节　未取心井点的预测

由于缺乏足够的取心井,很难建立起立起岩石类型的空间相关性。另外,由于没有足够的约束信息,岩石类型变化剧烈,并出现不符合地质的现象。渗透率也会出现类似情况,因为在建模研究区岩心数据是唯一的渗透率信息来源。对于地质统计学模拟来说,两个参数,即井点数据和空间相关性非常重要。基于上述这些原因,需要预测未取心井点的岩石类型和渗透率。

一、渗透率预测

在未取心井点处预测渗透率的方法结合了回归分析和地质统计学模拟。回归分析提供了渗透率剖面的总体趋势或低频变化,而地质统计学模拟则捕捉了渗透率剖面的细微变化或高频变化。

使用不同的回归分析方法得到渗透率的总体变化趋势,结果取决于变量间的相关程度。通常孔隙度与渗透率的对数呈线性相关，但如果使用多变量分析方法就可以得到更好的趋势，因为它考虑了多个变量客观存在而又相互影响的情况，较单变量统计分析更有优势。该项研究中，这种方法就是用多种测井曲线回归渗透率，用到的测井曲线有NPHI，PHIE，RHOB，DT，GR，Rt 和 Rxo。

地质统计学技术有助于预测渗透率变化的高频剖面，它非常好地利用了取心段的数据，并保持了与邻点的空间连续性，仅使用回归方法是不可能得到这一结果的。

二、岩石类型预测

使用判别分析预测未取心井点的岩石类型，判别分析是指根据某些定量观测的指标及出现的概率，对所研究对象进行分类的一种多元统计分析方法。该方法要求首先将数据分成几类，每一类都可以用一组变量进行统计描述。标准的例子是，根据测井曲线或应用已知的外部地质标准（如岩石类型分类），将数据分成特征明显的几大类。本章的实例中，因为之前已经划分了 10 种岩石类型，在进行判别分析时也将数据划分成 10 类。在很多得不到岩石类型的研究中，在分析之前可能需要应用测井相技术进行聚类分析。

判别分析由两步组成：第一步是训练，第二步是预测。训练就是根据训练样本（取心井点处的岩石类型模型）建立一个判别函数的过程；预测就是在未取心井点处预测岩石类型的过程。在本章第三节述及的每一个稳定区中分别做这项工作。

此项研究中用于判别分析中的输入数据包括岩心数据（如岩石类型 RRT 和样品的渗透率 C-PERM）和测井数据（如有效孔隙度 PHIE、岩性密度 RHOB 及上一步预测的渗透率 L-PERM）。

当预测的渗透率作为训练数据时，通过交叉验证，岩石类型预测误差为 5% ~ 10%；但当训练数据不包括预测的渗透率时，交叉验证的误差约为 50%。显然，岩石类型主要受渗透率的影响，而对于测井曲线不是很敏感。

三、一致性检查

就过程本身而言，无论预测渗透率还是预测岩石类型都存在不确定性，会导致岩石物理属性和岩石类型之间的不一致。这一影响应受到限制，因为这些数据将在后面的三维地质统计学建模中作为硬数据使用。

具体的做法就是通过致性检查系统过滤预测结果。10 种岩石类型在孔隙交会图上有各自的分布区间，每个点都要落入其中一个区间内，也就是说每个点都要满足描述阶段定义的基于取心井的某一岩石类型的孔隙关系。不满足一致性检查的点将被排除，即网格被设定为空值（null value）。使用这一标准，统计得出不一致点的个数小于总检测点的 10%。

第五节 地质概念模型

对于应用地质统计学建立的 3D 地质模型,关键问题是模型是否能反映地质规律,是否能反映沉积和成岩作用的影响。为了评价 3D 模型是否能反映这些地质概念,需要一些相关的地质图件。

建立地质概念模型是解决这一问题的有效办法。地质概念模型被认为是从地质学家角度理解的油藏模型,一般由两部分组成:岩石类型的垂向剖面和岩石类型平面分布图。地质学家通常根据取心井数据编制垂向剖面,通过克里金插值技术生成岩石类型平面分布图。更重要的是,地质学家能够合理地解释岩石类型分布图,例如能清晰地展示沉积和成岩作用的影响。因此概念模型可以用作三维模型质量检查的工具。另外,由于岩石类型平面分布图考虑了沉积和成岩作用,因此可以作为未取心井点处预测岩石类型的质检工具。与此同时,因为在所有井中岩石类型和渗透率分布具有一致性,所以这种概念模型还可以用作岩石类型和渗透率的间接质检工具。

编制岩石类型平面分布图时,首先要计算某一时间单元内每种岩石类型的厚度比例,然后使用克里金插值技术成图,就可以得到某种岩石类型在平面上所有点处的比例。因此,对于每一个时间单元,有几种岩石类型就应该有几张图。在平面某一点上,某种岩石类型的存在或缺失将指示岩石类型的分布是否已经考虑了沉积和成岩作用的影响。

在建立三维地质模型时,可以把地质概念模型当作定性的信息源,指导和约束每种岩石类型的连续性和优势方向。在考虑变差函数的空间连续性时,这种信息被当作软数据。

第六节 三维岩石类型建模

一、空间相关性

地学数据体不同于其他类型数据体的一个重要方面,在于它们彼此之间存在空间上的联系,简单说就是相邻点之间数值是相关的。这种相关性与两点之间的距离有关,距离越小,相关性越强。但在大多数情况下,当两点间超过某一距离时,两点的数值就不相关了。这种类型的定性信息需要以适当的形式加以定义,以便能够预测无井处的数值。用于描述空间相关性最常用的统计学方法就是变差函数,它被广泛应用于调查和模拟各种储层属性的空间变化。如果通过变差图数能成功模拟出空间相关性,油藏描述的精度就会得到大幅提升。

研究变差函数的主要目的是反映储层属性的几何特征和连续性,有助于预测流动特征和油藏管理决策。它主要研究地质属性随距离的变化关系。显然,油藏描述中的地质概念是通过变差函数体现在模型中的。因此,在研究变差函数之前,需要对该地区的地质规律进行全面的了解和认识。这种了解和认识对变差函数分析的影响是比较大的,因为不同的地质认识将产生不同的主次连续方向和侧向延伸范围。

此项研究中，模拟变差函数时既使用了硬数据（测井数据），也使用了软数据。软数据是从地质概念模型（如本章第五节讲到的岩石类型分布图）中提取的。此例中变差函数的连续性取决于变程，主要受控于地质概念模型。

二、地质统计学模拟

建议使用地质统计学中的瞬时序贯高斯模拟技术建立岩石类型模型，因为这种技术能够产生和岩石类型相致的属性分布。

简而言之，这种技术在执行高斯截断模拟时，既使用了井点处的岩石类型数据，也使用了变差函数模型。先将井数据（岩石类型孔隙度和渗透率）转化成高斯城，然后通过条件模拟技术对所有无井处的数值进行估算，最后用指示克里金得到的结果将高斯域中的模拟值转回原始域。且确定了某一特定位置的岩石类型，根据高斯模拟结果和孔隙度分布直方图就可以确定孔隙度。各点的岩石类型和孔隙度确定后，就可以预测渗透率。这里需要注意的是，条件模拟不仅使用了井数据，还使用了每种岩石类型的比例，因此这种技术能够产生符合地质概念的结果。

此项研究中共产生了 20 个实现。之前地质解释所预测的那样，即使对于非均质性最强的层，也建立了连续的岩石类型。然而，考虑到省石类型的连续性。层在模拟过程中具有不确定性，其他实现得到的结果可能会给出岩石类型间不同的接触关系。

三、成岩作用规则

在描述过程中得到的总体认识是：由于成岩作用，岩石类型的质量沿构造走向向侧翼逐渐变差。但是，因为缺少井点数据（尤其是在翼部和鞍部），这种情况很难模拟。此项研究中，这种认识被用作软数据，称为"成岩作用规则"。

为此，在工作流程中增加了一个后处理程序，对随机模拟得到的结果执行成岩作用规则，这种外部限制改善了与地质概念模型的匹配关系。

四、模塑分区的影响

稳定区的引入带来了属性在边界上突变的可能性。为解决这一难题，在相邻稳定区产生一个叠合区，并且使用一个局部概率模型（作用相当于权重因子），以确定叠台区的属性。

第七节　基于地震资料的孔隙度分布

该研究的目的之一是基于波阻抗数据获得孔隙度分布图，这项成果在建立 3D 属性模型过程中被作为约束条件之一。五个主力层中两个层有波阻抗数据，但只有一个层（ZoneB）波阻抗数据体质量较高，因此这项研究主要针对 Zone B 层。

交会图法是绘制地震孔隙度的常规方法，它是基于孔隙度与波阻抗的线性关系，将波阻抗数据转化为孔隙度，其结果的准确程度取决于两个变量的相关系数。在此方法中，并数据没有被充分利用(不在回归线上的数据就没有利用)。因此,一旦建立线性关系,地震数据将决定孔隙度分布,井数据不再有任何影响。

另一种极端的情况也可能出现,就是根本没有使用地震数据约束得到的孔隙度分布,也就是说地震的影响为0。这种孔隙度分布完全是利用井点测井数据通过克里金方法插值得到的。应用克里金方法可以在最终结果中体现井点数据,也就是说所有井点数据都要用到。由于线性回归,交会图法是不可能实现这一点的。另外,克里金法允许输入数据的空间关系,因此井点数据的空间关系可以保留在最终的结果当中。但是,在克里金方法中,结果的可靠性取决于井点数据的多少,尤其是在需要外插时。事实上,在数据有限的情况下,这种结果是不可靠的。

井间信息的缺失对孔隙度总体分布影响较大,但是孔隙度分布的整体特征(如孔隙度高值出现在构造顶部、孔隙度低值出现在北部)在两张图上都得以保留。

为了避免上述两种极端结果的出现,另外又使用了两种方法。这两种方法都基于克里金法,并都以测井解释孔隙度为主要变量和地震波阻抗数据为次要变量,但地震波阻抗数据影响程度不同。第一种方法是漂移克里金法,第二种方法是协同克里金法。由于使用了克里金法,最终结果利用了井点的孔隙度数据,并再现了井数据的空间关系。另外,由于方法中使用了地震数据,井间预测也更加可靠。

漂移克里金法是简单克里金方法的一种变换,它除了利用主要变量(如井点测井孔隙度)外,结果的总体趋势还受次要变量(如波阻抗)信息趋势的影响。注意,次要变量的这一影响是显著的,因为对无井处孔隙度的估计受该点周围大量波阻抗值的影响。因此,为了使结果更可靠,需要测井数据与波阻抗数据具有较好的相关性。

协同克里金法是克里金法的另一种应用,主要影响来自主要变量即测井解释孔隙度。次要变量波阻抗仅有"辅助"影响(这与漂移克里金法有所不同),并以两种方式表现出来:一种是无井处波阻抗的实际值,另一种是两个变量之间的相关系数。在很多文献中能够查到这种方法成功的例子。由于次要变量仅使用在无井处,即协同点处,因此波阻抗能够查到这种方法成功的例子。由于发数据对最终结果的影响要小于漂移克里金法。因此这种方法更适用于两个变量相关性不是很高的情况,如ZoneB层数据线性回归方差值仅为0.65。注意,与漂移克里金法相同,协同克里金法在井点处也充分利用了测井解释的孔隙度。另外,主要变量的空间关系也体现在结果中。

综上所述,以上四种孔隙度分布表明,地震波阻抗数据对于最终孔隙度的影响程度是不同的,例如,从根本无影响(纯井点测井数据克里金插值)到波阻抗数据完全控制(交会图法)。根据波阻抗与测井数据的相关程度,研究中最后选用了协同克里金法(而不是漂移克里金法)表征基于地震反演的孔隙度分布,并将这一成果作为建立三维属性模型的约束条件之一。值得注意的是,利用协同克里金法很好地观察到了南部地区高孔隙度特征,而这里是测井数据的盲区。

第八节　地震数据约束的三维属性建模

与测井数据相比，地震数据具有平面分辨率高、垂向分辨力低的特点。因此，要建立精细地质模型，最好是结合地震和测井数据。为了这一目的，使用了一种叫基于贝叶斯更新的序贯模拟程序，使得本章第七节已建立的三维属性模型中每一个垂向网格都受到地震平均值的约束。

利用贝叶斯公式计算附加信息（地震平均孔隙度）的条件概率。也就是说，一个网格中孔隙度的后验概率等于孔隙度先验概率与似然度的乘积，其中先验概率控制着已建立的模型中网格数据的影响，似然度控制着地震平均信息的影响。

$$p(\phi_i / S_i) = \alpha p(\phi_i) p(S_i / \phi_i)$$

式中　$p(\phi_i / S_i)$ ——在 i 点处孔隙度的后验概率，假设地震属性（平均孔隙度）S_i 可以观测到：

$p(\phi_i)$ ——井点处孔隙度这一硬数据的先验概率；

$p(S_i / \phi_i)$ ——地震属性（平均孔隙度）这一硬数据的概率，可以通过地震属性与测井数据的相关性得到；

α ——常数。

需要强调的是，地震约束的孔隙度 ϕ 可以从局部后验概率中随机取样得到，模拟将受地震信息约束产生一个误差小于 ε 的垂向地震平均孔隙度 S ，即

$$S = \sum a_j \phi_j + \varepsilon$$

式中　a_j ——设定的权重；

ϕ_j ——原模型网格中孔隙度值；

j ——要模拟的每一个垂向网格。

垂向上每个网格的权重可以设为相等，但如果认为地震属性在层的顶部对属性更敏感的话，则可以随深度增加而减小权重。

孔隙度模拟的主要步骤如下：

（1）任意选择一个网格单元。

（2）应用原始的硬数据和先前模拟的单元值进行点克里金插值。

（3）计算贝叶斯更新后的后验分布平均值和方差。

（4）获得模拟值，该值受地震约束并符合后验概率。为了保证孔隙度与岩石类型保持一致，最终孔隙度值必须限制在每种岩石类型孔隙度范围之内。

注意，前两步代表了只使用硬数据的常规序贯高斯模拟。

总体而言，两种情况孔隙度分布相同，尤其是在井密度高的区域。这结果与期望一致，因为地震孔隙度图是用协同克里会法得到的，这种方法利用井点数想，主要受散（测井孔隙度）和次要交量（地震孔隙度）数据对最终孔隙度分布有很大影响。因此，将地震数能数据引入三维属性建模过程有助于模拟井少地区的孔隙度分布。

第 四 章

碳酸盐岩油气藏开发方案设计

第一节　开发层系划分

开发层系划分和开发方式选择，是油藏开发设计中两个基本的问题。只有在划分确定出开发层系并选定开发方式以后，才能够进行油藏开发诸如井网、井距等的进一步设计。

一、开发层系划分

1.层状多层油藏划分开发层系的重要性

（1）单层油藏与多层油藏

油藏在剖面上的层数与厚度千差万别，根据油藏剖面上的层数与厚度的差异，可以将油藏划分为如下两种类型：单层油藏与多层油藏。

单层油藏是指油藏储层仅有一个渗透层的油藏。这种油藏内部无稳定隔层，油藏从顶到底具较好的水动力连通。

单层油藏可进一步划分为层状单层油藏和厚层块状油藏两类：它们都是剖面连通的单油层油藏；其区别在于层的厚度和层内储渗空间的分布特征。单层油藏油层厚度一般不大，为几至十几米，层内储渗空间比较均质或变化较规律。厚层块状油藏储层厚度很大，多为几十至几百米，储集层内幕复杂，层内常有不稳定的岩性隔挡，层内非均质性十分严重。绝大多数潜山油藏、绝大多数火山岩变质岩油藏以及多数碳酸盐岩油藏属于块状油藏。

多层油藏：为剖面上有较好隔层的多个油层叠置形成的油藏。绝大多数砂岩油藏属于此种类型。它们也常称为层状多层油藏，以显示其砂泥岩间互的剖面特征。

（2）多层油藏的层间差异性决定划分开发层系的必要性

从已经发现的多层油藏的层数分布看，从几层到几十上百层的油藏都有。尤其我国主要油田都为陆相沉积的储集层，它们大多具有油层薄、层数多、油层物性。

变化大、非均质性严重的特点。例如，我国目前最大的大庆喇萨杏油田，在油田构造最高部位，含油井段分布在880~1220m深度，含油井段长300多米。在这300余米的含油井段中有三套含油层系，即萨尔图油层、葡萄花油层和高台子油层。整个含油剖面均为砂泥岩间互，可划分为9个油层组和52个单砂层。又如胜坨油田二区从上第三系馆三段到下第三系沙三段约600m厚度内共有22个砂层组88个小层，层间渗透率相差10

倍以上,层内渗透率相差几十到几百倍。

对于剖面非均质性严重的多层油藏,如果采用单套井网一次射开所有油层进行笼统开发,势必形成高渗透层大量吸水出液而低渗透层几乎不吸水不出液的局面,导致油层剖面动用较差、采收率低下的后果。但若将这样的多个油层适当组合,比如将渗透率较高与较低的多个油层分别组合在一起进行开发,其吸水出液能力就比较接近,油层的剖面动用程度将显著增加,采收率会大为提高。显然,对于多层油藏,必须进行开发层系的组合划分,才能取得良好的开发效果。

(3)开发层系的概念

所谓开发层系,是指油层性质与驱动方式相近,具备一定储量和产能,且上下具有良好隔层的多个油层的组合。划分开发层系,就是把特征相近的多个油层组合在一起用单独一套井网进行开发。

开发层系是油藏在纵向上的开发单元。开发层系划分得科学合理,对提高油藏开发效果、提高经济效益、提高最终采收率等都具有决定性的重要意义。它是地质工作者在进行油田开发设计所需要解决的首要问题。

2.开发层系划分原则

根据国内外油田开发的经验,一般来说,开发层系划分应当遵循以下原则。①个独立的开发层系应当具备相当的油层有效厚度,以保证开发井具备一定的储量和产能。②两套开发层系之间应当具备良好的隔层条件,以保证各自独立开发,避免相互窜扰。③同一开发层系中的主要油层,其油层物性与原油性质应比较接近,以保证油层达到较高的剖面动用程度。④同一开发层系中的主要油层,应有统一的压力系统和基本一致的延伸状况。⑤同一开发层系的油层,其剖面分布应比较集中以适应现有工艺技术水平;剖面上生产井段过长或过于分散,将增加采油工艺难度和减弱开发效果。

3.开发层系划分的基本考虑

在油田开发初期时,划分开发层系宜粗。因为许多层间矛盾在评价勘探及开发实施阶段尚未暴露,油层分层改造措施及效果尚未经过实际生产考验,一些差油层可能通过分层改造或分注分采得到较满意的动用,一些认为不错的油层也可能分层改造与分注分采效果都差而必须分别组合开发层系。这些只有通过相当时间的开采过程才能得到暴露并逐渐认识。因此,初期划分开发层系时,可以稍粗,主要瞄准主力油层及主要油层,次要油层可以放宽,留有一定的余地待油藏开发进入中、后期,层间矛盾得到充分暴露以后,再进行开发层系的细分调整较好。

二、开发层系合理技术经济界限探究

开发层系划分与组合的目的是保证在较高的经济效益前提下,取得良好的开发效果,为此应根据大港油田某区块实际油藏特征和技术经济条件确定其层系划分与组合的具体技术经济界限。

基于此区块的流体和储层特点,建立反映目前各层地质状况的概念模型,平面上模型采用 100×40 的网格系统,网格长度 20m×20m;纵向上分两层,由上至下依次为 1 号层、2 号层。单层厚度取小层厚度平均值 5m,为精细反映纵向上油水运移过程将小层进一步细分。

1. 渗透率级差

渗透率差异是影响多层砂岩油藏合注合采开发效果的主要因素,同一套层系内渗透率级差越大,非均质性造成的干扰越严重,但经济效益和工艺水平又要求我们不能将层系划分过细,因而存在渗透率级差的界限。在前述模型的基础上,对渗透率级差的影响进行量化分析:每层的流体及储层参数相同,仅渗透率存在差别。在 2~20mD 渗透率的范围内保持 1 号层(渗透率高)渗透率不变,为 20mD,依次改变 2 号层(渗透率低)的渗透率,使得渗透率级差取 2 至 10,研究各层以及油藏总体的水驱控制情况。

2. 原油黏度

地层原油黏度反映原油在地下运移的流动能力,是油气田开发的重要参数。当原油黏度过大时,将导致油井无法正常生产,同一套层系内的原油黏度相差太大,也会加重层间干扰。黏度研究模型仍采用前述的两层模型,分别在中高黏、稠油和混合黏度的范围内保持 1 号层黏度不变,改变 2 号层原油黏度。

3. 地层流动系数

地层流动系数表示流体在地层中流动的难易程度,与地层渗透率、地层厚度、地层流体黏度等参数相关。对于多层合采、注水开发、生产井段长且流体性质不同的油藏,单纯采用传统的渗透率参数表征层间非均质性是远远不够的,厚度和原油黏度等都会结合层开发的效果产生显著的影响。综合考虑上述参数,对表示原油在地下流动情况的地层流动系数进行定量分析。

随着流动系数级差的增大,采出程度减小。起初 1 号层的变化规律及数值与总体指标非常接近,但是在级差为 6 处出现拐点,之后第二层采出程度变化趋势变缓,第一层变化趋势加速,分析原因在于 1 号层的厚度所占比重较大,对整体指标的影响大,说明了厚度权重大的层对合层开采的影响显著。确定流动系数级差为 6。

4. 小层层数

一般而言,一套层系内的层数越多,射开井段越长,采出程度也越大;但同时射开井段和油层厚度越大,非均质性越严重,层间矛盾加剧,使得各油层作用不能充分发挥,进而阻止合采效果的提高。

在渗透率、油层厚度和原油黏度的共同控制下,小层数目在达到一定程度后,采出程度不再上升,转而在一个较低的水平上略微升高。分析原因为在同一类型范围内,当小层数目在 5 时,出油层厚度的增加超过层间干扰的影响,采收率随着层数的增加而增加;小层数目大于 5 后,层间矛盾的影响导致此时出油层数及厚度所占比例减小,使采出程度降至一个低的水平上。据此,确定小层数目的界限为 5,且射开井段长度最好不要大于 50m。

第二节　开发方式优选

一、技术论证

（一）开发层系

在开发层系划分时要考虑油层的叠加厚度、渗透性差异、主力油层个数、含油区各单层叠合程度、含油井段长度、隔层的稳定性和厚度等。

（二）合理井网密度确定

1. 采油、注水能力方法研究井网密度及井距

1) 采油速度分析法

根据研究区的含油面积、地质储量、产能、年生产天数预测不同井网条件下井网密度变化，确定研究区实际产能对应的合理采油速度下的井网密度。

在一定的采油速度下，井网密度计算式如下：

$$SPC = \frac{n_o \cdot v_o \cdot N}{100 \cdot q_o \cdot t \cdot A}$$

式中：SPC——井网密度，口/k㎡；

v_o——米油速度，%；

t——折算生产天数（330天），d；

N——地质储量，t；

n_o——井网的采油井数比例；

A——含油面积，k㎡；

q_o——稳产期单井产油量，t/d。

2) 注水能力分析法由注采平衡关系可以得到：

$$SPC = \frac{N \cdot V_o \cdot IPR \cdot \left(\dfrac{B_o}{\rho_o} + WOR \right)}{100A \cdot q_{iw} \cdot t \cdot n_w}$$

式中：q_{iw}——单井日注水量，m³；

ρ_o——原油密度，g/cm³；

B_o——地层油体积系数；

t——折算生产天数（330天），d；

WOR——水油比；

IPR——注采比（1.05）；

n_W ——井网的注水井数比例。

2. 经济极限井网密度及最佳井网密度

经济极限井网密度是总产出等于总投入，即总利润为 0 时的井网密度。其公式如下：

$$aSb = \ln \frac{N \cdot vo \cdot T \cdot \eta o \cdot C \cdot a(L-P)}{A \cdot \left[(I_D + I_B) \cdot \left(1 + \frac{T+1}{2} r\right) \right]} + 2\ln Sb$$

$$aSm = \ln \frac{N \cdot vo \cdot T \cdot \eta o \cdot C \cdot a(L-P)}{A \cdot \left[(I_D + I_B) \cdot \left(1 + \frac{T+1}{2} r\right) \right]} + 2\ln Sm$$

式中：Sb ——最佳经济井网密度，$h\,m^2$/well；

Sm ——经济极限井网密度，$h\,m^2$/well；

a ——井网指数，$h\,m^2$/well；

N ——原油地质储量，t；

v_O ——评价期间平均可采储量年采油速度，小数；

T ——投资回收期，a；

ηO ——驱油效率，小数；

C ——原油商品率，小数；

L ——原油售价，元/t；

P ——原油成本价，元/t；

A ——含油面积，$h\,m^2$；

I_D ——单井钻井（包括射孔、压裂等）投资，万元；

I_B ——单井地面建设（包括系统工程和矿建等）投资，万元；

r ——贷款年利率，小数。

公式为超越方程，可用曲线交汇法或迭代法求解。

经济合理井网密度，是在经济最佳井网密度的基础上，加三分之一最佳与极限井网密度的差值，表达式如下：

$$Sr = Sb + \left(\frac{Sm - Sb}{3} \right)$$

式中：Sr ——经济合理井网密度，口/$K\,m^2$；

Sb ——最佳经济井网密度，口/$K\,m^2$；

Sm ——经济极限井网密度，口/$K\,m^2$。

（三）合理井距确定

低渗透油藏既要考虑注水井和采油井之间能够形成驱替作用，注采井距不能过大；又要考虑油田开发的经济合理性，井网不能太密，井距的优化尤为重要。

1. 谢尔卡乔夫经验公式

苏联学者谢尔卡乔夫在研究水驱油田最终采收率与井网密度关系时，得出采收率随井网密度变化的统计定量关系：

$$E_R = E_D e^{-a.SPC}$$

式中：a ——井网指数，口/公顷；

kh/μ ——流动系数，$10^{-3} \mu m^2 \cdot m/(mPa.s)$；

E_D、E_R ——分别为驱油效率与采收率；

SPC ——井网密度，公顷/口。

2. 启动压力梯度计算极限注采井距

根据渗流理论，等产量一源一汇稳定径向流的水动力场中，所有各条流线中主流线上的渗流速度最大，而在主流线上中点处渗流速度最小，则该点的压力梯度值也最小，若要该点处的油流动，此处的压力梯度需大于启动压力梯度，即：

$$\frac{(P_h - P_w)}{\ln\left(\dfrac{R}{r_w}\right)} \times \frac{2}{R} > G$$

式中：P_h ——注水井井底压力，MPa；

P_w ——生产井井底压力，MPa；

R ——注米井距，m；

r_w ——井筒半径，取 0.1m；

λ ——油相启动压力梯度，MPa/m；

μ ——液体黏度，MPa.s；

k ——岩石气测渗透率，μ ㎡。

极限注采井距随着渗透率增大而减大。渗透率一定时，随着注采压差的降低，极限注采井距也不断减少。在渗透率 $5.58 \times 10^{-3} \mu$ ㎡，注采压差为 $10 \sim 20$MPa，极限注采井距 $130 \sim 250$m。

（四）经济极限参数确定

1. 单井平均日产油经济极限

单井平均日产油量的经济极限计算公式如下：

$$q_{min} = \frac{(I_D + I_B)(1+R)^{T/2} \beta}{0.0365 \tau_o d_o T (P_o - O)}$$

式中：I_D ——平均一口井的钻井投资（包括射孔、压裂等），万元/井；

I_B ——平均一口井的地面建设（包括系统工程和矿建等），万元/井；

R ——投资贷款利率，小数，0.0691；

T ——开发评价年限，15 年；

β ——油井系数,即油水井总数与油井数的比值,小数;

τ_O ——采油时率,小数,0.822;

d_o ——原油商品率,小数,0.991;

P_o ——原油销售价格,元/t;

O ——原油成本,元/t。

如果考虑油井投产后,特别是油井见水后产油量的递减情况,则单井初期平均日产油量的经济极限还需要提高一些,其具体计算公式如下:

$$q_{min} = \frac{(I_D + I_B)(1+R)^{T/2}\beta}{0.0365\tau_0 d_0 T(P_0 - O)(1 - D_c)^{T/2}}$$

式中:D_c ——油田综合递减率,小数。

降低单井钻井、建设投资和生产操作费用,提高采油时率和原油商品率以达到最好的经济效益。

新井投产初期年递减规律0.15,考虑到初期递减率较大,随着含水提高,后期递减率会有所下降,根据递减分析,年递减率取0.10。

2. 单井控制可采储量、地质储量经济极限

单井控制可采储量的经济极限主要根据所规定的平均单井日产油量经济极限计算得出,具体计算公式如下:

$$N_{min K} = \frac{(I_D + I_B)(1+R)^{T/2}}{d(P - QW_i)}$$

式中:W_i ——开发评价年限内可采原油储量采出程度,小数。

（五）注采压力系统

1. 采油井流动压力界限研究

抽油井在各种含水条件下的最低流动压力的测算,即根据不同含水阶段的泵口压力、泵挂深度与油层中部深度,用逐次迭代法求得合理的井底压力。

$$P_{wf} = \frac{P_{ot}}{C_g} + 0.0433 \cdot (L - L_{ss}) \cdot \bar{\rho}_o + 0.0433(H - L)\bar{\rho} \times F_x$$

式中:P_{ot} ——套管绝对压力,MPa;

C_g ——气体梯度校正系数,$\dfrac{1}{e^{0.000114*\rho_g*L_{动}}}$;

ρ_g ——气体天然气密度,g/cm³;

$L_{动}$ ——动液面深度,m;

L ——泵挂深度,m;

H ——油藏中部深度,m;

$\bar{\rho}$ ——泵口以下液体平均密度 $= \left(\dfrac{\rho_R + \rho_b}{2}\right)(1 - f_w) + \rho_w f_w$, g/cm³;

ρ_w ——地面水密度, g/cm³;

F_x ——液体混气梯度修正系数 = $C_o + \sum\limits_{n=1}^{8}\left(L_g V_{sg}\right)$;

V_{sg} ——气体表面速度 = Q_g / A;

Q_g ——井日产气量, m³/d;

A ——套管内截面积, m²。

从计算结果分析, 在含水率和沉没度一定的情况下, 随泵深增加, 最小合理流压变小; 当泵深和沉没度一定的情况下, 随含水率增加, 最小合理流压增大。

2. 注水压力系统界限研究

注水井合理井底流动压力的确定是合理注水压力系统界限研究的重要内容, 也是油藏注水开发设计的依据。水井最大注水压差以注水井井底最大流压不超过地层破裂压力的 0.9 倍为原则。本次采用 B.B 威廉斯经验公式进行计算。

在破裂压力梯度 α 未知的情况下, 可用 B.B 威廉斯法进行估算, 其表达式为:

$$\alpha = 0.2307 \times \left[0.1 \times \beta + 4.335 \times (4.335 \times C - \beta) \times \frac{P_{地}}{H} \right]$$

$$P_{破} = \alpha \times H$$

其中: α ——地层破裂压力梯度, MPa/m;

$P_{地}$ ——原始地层压力, 取值 14.59MPa;

H ——油层中部深度, 取值 1610m;

β ——岩石破裂压力常数, 取值 0.6;

C ——上覆岩石压力梯度, 一般范围 2.25～2.45（$\times 10^{-1}$MPa/m）, 取值 0.245。由经验公式计算出油藏破裂压力梯度为 0.018MPa/m, 油层中部破裂压力为 28.8MPa

（六）理论注采比分析

假定油田压力保持在饱和压力之上开采, 根据物质平衡方程方法知:

$$N_p B_o + W_p B_w - W_i B_w = N C_e B_{oi} \Delta P$$

即地层压力变化取决于累积产液量、累积注水量及储层物性。

两边对时间求导数则有:

$$q_o B_o + q_w B_w - q_w B_w = \left(N C_e B_{oi} - \left(N_p B_o C_o + W_p B_w C_w - W_i C_w B_w\right)\right) d(\Delta P) / dt$$

压力恢复速度 $d(\Delta P)/dt$ 主要和产油量 q_o, 产水量 q_w, 注水量油 q_{wi}、水高压物性参数及压力水平有关。若忽略体积系数对时间的导数（主要因为 $N_p B_o C_o + W_p B_w C_w - W_i C_w B_w$ 可近似为 0）, 则有:

$$q_o B_o + q_w B_w - q_{wi} B_w = N C_e B_{oid} d(\Delta p) / dt$$

将注采比 $IPR = q_{wi} B_w / \left(q_w B_w + q_o B_o\right)$ 代入式子, 则:

$$q_o B_o + q_w B_w - \left(q_w B_w + q_o B_o\right) IPR = N C_e B_{oid} d(\Delta P) / dt$$

将含水率 $f_w = q_w / \left(q_w + q_o \right)$ 代入上式,则有:

$$\left\{ B_o + B_w f_w / \left(1 - f_w \right) - IPR\left[B_w f_w / \left(1 - f_w \right) + B_o \right] q_o / \left(NC_e B_{oid} \right) \right\} = d(\Delta P) / dt$$

计算出:

$$IPR = \frac{B_o B_w + B_w f_w / \left(1 - f_w \right) - \left(NC_e B_{oid} / q_o \right) d(\Delta P) / dt}{B_w \left[f_w / \left(1 - f_w \right) + B_o \right]}$$

若压力水平保持不变,即 $d(\Delta P) / dt = 0$,代入上式得:

注采比: $IPR = \dfrac{B_o B_w + B_w f_w / \left(1 - f_w \right)}{B_w \left[f_w / \left(1 - f_w \right) + B_o \right]} = 1$

其中: B_o ——油的体积系数;

B_w ——水的体积系数。

将 $IPR = \dfrac{B_o B_w + B_w f_w / \left(1 - f_w \right) - \left(NC_e B_{oid} / q_o \right) d(\Delta P) / dt}{B_w \left[f_w / \left(1 - f_w \right) + B_o \right]}$ 及产水率的表达式

$f_w = q_w / \left(q_w + q_o \right)$ 代入注采比的表达式 $IPR = q_{wi} B_w / \left(q_w B_w + q_o B_o \right)$ 可得合理注入量的表达式:

$$Q_i = \frac{B_o \left(1 - f_w \right) + B_w f_w}{B_w} Q_l$$

不同产水率下合理注水量的表达式:

$$Q_i = \frac{1.282 \left(1 - f_w \right) + 1.003 f_w}{1.003} Q_l$$

二、注水结构调整

对于目前已动用区采用反七点注采井,网基本完善,井网密度为23.9口/km²,动用区目前开发效果较差,只能通过注采结构调整来改善。针对不同类型的低效生产井、无(低)效的注水井层,需要根据具体的生产动态特征进行调整。

1. 选井

采油井包括低效采油井和注水井。根据目前采油井产状分类(5类)选取可能的补孔井层;根据注采关系及注水需要选取注水井。

2. 补孔原则

1)采油井补孔原则:

(1)根据油层标准选取补孔井层、段,部分井确无油层可考虑差油层;

(2)对于早期有注无采的采油井,根据其产状选取补孔层,再进一步考虑油层标准确定补孔层段;

(3)有注无采的采油井,对于高产液高含水无接替层的,可考虑补孔,尽可能地避免低部层位射孔,允许补孔可能的中高含水。

2)注水井补孔原则:

(1)早期注采对应不完善有采无注的井区,考虑补孔;

（2）本次注采结构调整以后需要完善的注水井对应补孔；

（3）考虑后期分层注水的要求，要避射隔层，留够坐封位置。

3. 封层原则

1）注水井封层：

（1）在低部位地区的注水井进行封层，在高部位地区的注水井要继续注水；

（2）根据井组注采关系，没有采油井生产的层位，注水井封层。

2）采油井封层：

（1）产液量高，含水高，找水后封堵高含水层；

（2）东、西区分别考虑，西区在有资料确定的情况下定点封层，在无资料的情况下，原则上封下部射孔段；

（3）封堵尚含水层后要保证米油井有一定的生产厚度；

（4）封层后根据注采井组情况，对应注水井点的注水层位应相应封堵。

4. 加强注采结构调整精细管理

1）考虑到纵向上物性差异大，要求分层注水，避免层间相互干扰；

2）分层注水段间要考虑利用隔层的稳定性，坐封位置要有一定的厚度；

3）注水段数要结合井组实际情况，各井组可采用灵活的分段；

4）考虑到东、中、西区深度、物性差异，注水井井口注入压力可不同，使注水井井底流压原则上不超过破裂压力；

5）跟踪井组开发动态，考虑注采比、压力保持水平、见水见效层位等，及时对井组工作制度、封堵高含水层、加强低渗层的注水能力等进行分析与调整；

6）新井射孔、老井补孔时应适当加大射孔孔密，选择深穿透射孔弹，减小井底附近压力损失，提高生产井产液、吸水能力。

第三节 井网设计

一、层系重组界限探究

（一）单井有效厚度界限

1. 单井控制可采储量下限

研究区加密调整的规模应以经济有效为原则，单井控制可采储量界限是确定加密可布井范围的物质基础界限。根据投入产出平衡原理，考虑钻井、基建、操作成本、税金、内部收益率等参数后，可得到单井经济可采储量下限值 $N_{R\min}$：

$$N_{R\min} \geq \frac{\dfrac{na(1+a)^n}{(1+a)^{n-1}-1+a}(S_Z + S_J)}{J(1-Y) - C_d - C_S}$$

式中：$N_{R\min}$——单井控制可采储量下限，t；

S_z——单井钻井完井费用，元；

J——原油价格，元/t；

S_J——基建费用，元；

C_s——吨油税金，元/t；

C_d——原油成本，元/t；

n——经济开采年限，年；

a——贴现率，%；4

Y——内部收益率，%。

所用的经济参数值如表4-1所示。

表4-1 经济参数

序号	参数	单位	数值
1	基建费用	104元	89
2	吨油税金	元/t	270
3	原油成本	元/t	633
4	经济开采年限	年	10
5	贴现率	%	4

计算内部收益率为12.11%，单井钻井完井费用分别为200万元、230万元、250万元、270万元、300万元情况下的可采储量界限值，计算结果见表4-2。

表4-2 不同单井钻井完井费用情况下的可米储量界限

原油价格 （美元/桶）	可采储量下限 rmin（t）				
	2000000（元）	2300000（元）	2500000（元）	2700000（元）	3000000（元）
40	5707.33	6299.79	6694.76	7089.73	7682.19
50	3569.42	3939.94	4186.96	4433.98	4804.51
60	2490.52	2749.05	2921.41	3093.76	3352.29
70	2003.65	2211.64	2350.3	2488.96	2696.95
80	1676.67	1850.72	1966.75	2082.79	2256.84

由表4-2可以看出原油价格固定，随着单井钻完井费用的增加单井可采储量也增加。单井钻井完井费用230万元，原油价格为40美元/桶的情况下，可采储量下限为6299.79t。

2. 单井有效厚度界限的确定

可采储量与控制储量以及采收率存在以下关系：

可采储量 = 控制储量 × 采收率

其中，控制储量 = 控制面积 × 孔隙度 × 含油饱和度，则可得到单井有效厚度界限计算公式为

$$h = \frac{N_{R\min}}{\pi r^2 \phi S_o (E_R - R)}$$

式中：h ——单井有效厚度界限，m；

r ——单井控制半径，其值为井距的一半，m；

φ ——全区平均孔隙度，小数；

S_o ——全区平均含油饱和度，小数；

R ——采出程度，小数。

E_R ——采收率，小数

具体参数如下：

表 4-3 参数表

序号	参数	数值
1	中区东部高台子油层平均孔隙度	0.28
2	中区东部高台子油层平均含油饱和度	0.63
3	采出程度	0.43
4	采收率	0.49

计算井距为 125m，井距为 175m，井距为 200m，井距 225m，井距 250m，井距 275m，井距 300m 时单井有效厚度下限。见表 4-4。

表 4-4 不同井距有效厚度下限表

可永储里界限（t）	有效厚度界限（m）						
	井距125m	井距175m	井距200m	井距225m	井距250m	井距275m	井距300m
6299.79	10.76	5.49	4.20	3.32	2.69	2.22	1.87

由表 4-4 可以看出，在不同井距下单井有效厚度下限值不同。其中井距为 125m 时有效厚度下限最大，达到了 10.76m。在井距为 300m 时有效厚度下限值最小，为 1.87m。综合考虑在原油价格为 40 美元 / 桶，井距为 250m 情况下水驱井有效厚度下限值为 2.69m。

（二）渗透率级差界限

非均质油藏在注水开发时一般按照储层物性及流体性质相近的原则，采取成组（段）分层系开发。但对于储层严重非均质油藏，层间矛盾仍然较为突出，中低渗层得不到有效水驱动用，储量动用程度不均衡。针高台子油层状况，按照渗透率级差组合开发层系的思路，层系内渗透率级差是重组开发层系的关键参数。

1. 理想模型的建立

根据油田的实际情况，利用 Eclipse 数值模拟软件，建立理想模型。模型为三层，孔隙度 27.5%，厚度为 6m。模型中地层中原油黏度为 9.2mPa·s，地层中水的黏度为 0.6mPa·s。原始含水饱和度为 24.3%，原始地层压力为 11.51MPa。井距选用优选出来的 250m 井距，网格划分情况如表 4-5。

表4-5 网格划分情况表

井距	网格个数（个）			步长（m）			油井坐标		水井坐标	
	X	Y	Z	X	Y	Z	X	Y	X	Y
250	38	38	3	5	5	2	2	2	37	37

注采模式为一注一采，设计注水井的注入量为30m³/d，生产井的产液量为30m³/d。

2. 数值模拟方案设计及运算结果

根据油层各油层组的渗透率分布情况如表4-6设计了11套方案，渗透率级差分别取1、1.5、2、2.8、3、3.5、4.5、5.6、7.2、9、10。在保持其他一切开采方式及条件不变的情况下，计算不同渗透率级差条件下的开发指标，对比开发效果。

表4-6 渗透率级差方案设计表

方案	级差	平均渗透率（mD）	渗透率最小值（mD）	渗透率最大值（mD）
1	1	313	313.00	313.00
2	1.5	313	250.40	375.60
3	2	313	208.67	417.33
4	2.8	313	164.74	461.26
5	3	313	156.50	469.50
6	3.5	313	139.11	486.89
7	4.5	313	125.20	500.80
8	5.6	313	94.85	531.15
9	7.2	313	76.34	549.66
10	9	313	62.60	563.40
11	10	313	56.91	569.09

模型保持注采平衡，即注入量等于产液量，从而使地层压力保持恒定。每个方案均从初始时刻运算到含水率极限即含水率达到98%为止。为保证整个计算过程的正确性，运算的同时监测了压力的变化。

各个注水井流压、地层压力、油井流压均保持恒定，可以证明数值模拟计算过程正确。

通过数值模拟计算得到了各方案在含水率达到98%时的采收率。计算结果如表4-7。

表4-7 各方案计算结果表

方案	级差	采收率（%）
1	1	42.69
2	1.5	42.54
3	2	42.34
4	2.8	41.92
5	3	41.82
6	3.5	41.54
7	4.5	41.46
8	5.6	40.82
9	7.2	39.89
10	9	39.14
11	10	38.65

随着渗透率级差的增大，采收率整体呈下降趋势，在渗透率级差为 3.5~4.5 时出现明显的分界，当渗透率级差小于 3.5 时，采收率缓慢下降，开发效果较好，当渗透率级差大于 4.5 时，采收率迅速下降，开发效果较差。因此，在分层系开发过程中，每套开发层系内的渗透率级差越小，开发效果越好，渗透率级差界限在 3.5~4.5 左右。

由于厚度小，渗透率大的小层产油量少，并且见水期容易形成低效或者无效循环，影响采收率，应避免射开。

（三）含水饱和度级差界限

1. 理想模型的建立

根据油田的实际情况，利用 Eclipse 数值模拟软件，建立反韵律非均质理想模型，模型共 3 层，平均渗透率为 313mD，油井工作制度为定液量生产，模型中地层中原油黏度为 9.2mPa·s，地层中水的黏度为 0.6mPa·s。原始含水饱和度为 24.3%，原始地层压力为 11.51MPa，井距选用 250m 井距。网格划分情况如表 4-8。

表 4-8　网格划分情况表

	网格个数（个）			步长（m）			油井坐标		水井坐标	
井距	X	Y	Z	X	Y	Z	X	Y	X	Y
250	38	38	3	5	5	2	2	2	37	37

注采模式为一注一采，设计注水井的注入量为 20m³/d，生产井的产液量为 20m³/d。

2. 数值模拟方案设计及运算结果

根据油田的实际情况设计了 7 套方案，各方案中除了各层含水饱和度不同其他方面都相同，方案见表 4-9。

表 4-9　不同含水饱和度级差方案设计表

方案	级差	含水饱和度最大值	含水饱和度最小值	平均含水饱和度
1	1	0.4647	0.4647	0.4647
2	1.06	0.4782	0.4511	0.4647
3	1.12	0.4910	0.4383	0.4647
4	1.15	0.4971	0.4322	0.4647
5	1.2	0.5069	0.4224	0.4647
6	1.23	0.5126	0.4167	0.4647
7	1.3	0.5253	0.4040	0.4647

在计算过程中模型保持注采平衡，即注入量等于产液量，从而使地层压力保持恒定。

每个方案均从初始时刻运算到含水率极限即含水率达到 98% 为止。计算结果如表 4-10。

表 4-10 计算结果表

级差	采收率（%）	含水率（%）
1	17.31	98
1.06	17.27	98
1.12	17.26	98
1.15	17.25	98
1.2	17.23	98
1.23	17.22	98
1.3	17.21	98

随着含水饱和度级差的增大，采收率整体呈下降趋势，在含水饱和度级差为 1.1~1.12 时出现明显的分界，当含水饱和度级差小于 1.1 时，采收率缓慢下降，开发效果较好，当含水饱和度级差大于 1.12 时，采收率迅速下降，开发效果较差。在分层系开发过程中，每套开发层系内的含水饱和度级差越小，开发效果越好，渗透率级差界限在 1.12。

（四）层系内油层数目

1. 理想模型的建立

开发层系内油层数采用数值模拟方法研究开发层系内合理油层数根据油田的实际情况，利用 Eclipse 数值模拟软件，建立反韵律非均质理想模型，模型共 50 层，渗透率级差选 1.5，油井工作制度为定液量生产，分别研究单层开采以及 2 ~ 10 层合采的条件，模型中地层中原油黏度为 9.2mPa·s，地层中水的黏度为 0.6mPa·s。原始含水饱和度为 24.3%，原始地层压力为 11.51MPa，井距选用 250m 井距。网格划分情况如表 4-11。

表 4-11 网格划分情况表

井距	网格个数（个）		步长（m）			油井坐标		水井坐标	
	X	Y	X	Y	Z	X	Y	X	Y
250	38	38	5	5	6	2	2	37	37

注采模式为一注一采，设计注水井的注入量为 60m³/d，生产井的产液量为 60m³/d。

2. 数值模拟方案设计及运算结果

根据油田的实际情况设计了 7 套方案，各方案中除了层数不同其他方面都相同，方案见表 4-12。

表 4-12 不同组合层数方案设计表

方案	层数
1	3
2	5
3	10
4	15
5	20
6	30
7	40

在计算过程中模型保持注采平衡，即注入量等于产液量，从而使地层压力保持恒定。每个方案均从初始时刻运算到含水率极限即含水率达到 98% 为止。计算结果如表 4-13。

表4-13 计算结果表

方案	层数	采收率（%）
1	3	40.69
2	5	40.96
3	10	41.13
4	15	41.16
5	20	41.25
6	30	41.29
7	40	41.30

当层数小于15时，随小层数增加采收率上升；当小层数介于10～20时，采收率有明显降低，当小层数大于20时由于层间矛盾影响随小层数增加，采收率上升并不明显，因此确定层系内小层数目的界限为20层。

（五）生产井段跨度界限

在实际生产当中，油层间存在着跨度干扰问题，相邻油层之间或者同一层系内不相邻的油层之间都存在着跨度干扰现象。层系内井段跨度的干扰就是层系内所有油层相互干扰叠加的结果。应用数值模拟方法，依据现场的基础数据，模拟不同生产井段跨度对开发效果的影响。

1. 理想模型建立

为了便于研究层间跨度干扰，我们建立三层的理想模型，模型中1、3号层为均质油层，且地质条件、原油性质完全相同，同时假设没有窜流。1、3层的厚度均为10m，孔隙度均为区块的平均孔隙度27.5%、渗透率同样也是区块的平均渗透率 $313 \times 10^{-3} \mu m^2$；2号层为隔层。通过控制2号层的厚度来模拟不同生产井段跨度下油层的开发效果；由于高台子油层总砂岩厚度为255.8m，所以2号层的厚度分别取10m、50m、100m、150m、200m。模型采用一采一注井网。

2. 开发结果对比分析

通过利用理想模型进行计算，分别预测了模型生产60年在不同生产井段跨度下的开发效果。计算结果分析如表4-14。

表4-14 不同生产井段跨度下的开发指标

生产井段跨度（m）	生产年限	总采出程度（%）	第一层采出程度（%）	第三层采出程度（%）
10	60	12.98	19.35	19.58
50	60	5.55	19.1	19.77
100	60	3.24	18.83	20
150	60	2.27	18.47	20.18
200	60	1.75	18.15	20.36
250	60	1.42	17.83	20.52

（1）随着上下层间跨度的增大，油层采出程度逐渐减小，当增加到100m之后采出程

度变化比较缓慢。（2）随着上下层间跨度的减小，层间的开采效果差异变小，层间干扰也越小。（3）3号层随着生产井段跨度增加，采出程度增大，而1号层则随着生产经段跨度增加采出程度减小，这说明随着生产的进行井底流压降低，3号油层首先开始工作。

（4）数值模拟研究表明，在研究区块内的同一套层系组合内进行生产时生产井段跨度小于100m，才能有效地减小生产井段跨度带来的干扰。

二、井距界限探究

（一）采油速度法

在井网系统和砂体分布面积相同的情况下，不同的井距对应了不同的采油速度。因此，我们可以通过约定某一采油速度来确定合理的井距范围。

在国民经济发展需要紧迫和经济形势有利的情况下，采油速度可以适当提高，反之则可控制较低一些。无论哪一种情况，都要作技术经济的评价和论证。

适应国民经济发展的合理采油速度的计算公式为：

$$S = \frac{(1+B)V_o N}{q_0 T_y A}$$

式中，S——井网密度，口/k㎡；

B——注采井数比；

V_0——采油速度，%；

N——地质储量，t；

q_o——平均单井产量，t/d；

T_y——年有效生产时间，d；

A——含油面积，k㎡。

计算适应国民经济发展需要的开采速度下的井网密度，可以作为筛选、优化井网密度的参考指标。

（二）数值模拟方法

已投产区块的生产实践表明，合理的井网井距是油田合理高效开发的基础和前提，必须适应油层地质特点确定合理的井网井距，以提高井网对砂体的控制程度，从而提高油层的最终采收率。

（1）理想模型的建立

根据油田的实际情况，利用Eclipse数值模拟软件，建立理想模型。模型为一层，渗透率为纯油区的绝对渗透率313mD，孔隙度为27.5%，厚度为6m。模型中地层中原油黏度为9.2mPa·s，地层中水的黏度为0.6mPa·s，原始地层压力为11.5MPa。

网格划分情况如表4-15所示：

表 4-15 网格划分情况表

方案	井距	网格个数（个）			步长（m）			油井坐标		水井坐标	
		X	Y	Z	X	Y	Z	X	Y	X	Y
1	100	17	17	1	5	5	6	2	2	16	16
2	125	21	21	1	5	5	6	2	2	20	20
3	150	24	24	1	5	5	6	2	2	23	23
4	175	28	28	1	5	5	6	2	2	27	27
5	200	31	31	1	5	5	6	2	2	30	30
6	225	35	35	1	5	5	6	2	2	34	34
7	250	38	38	1	5	5	6	2	2	37	37
8	275	42	42	1	5	5	6	2	2	41	41
9	300	45	45	1	5	5	6	2	2	44	44

注采模式为一注一采，设计注水井的注入量为 15m³/d，生产井的产液量为 15m³/d。

（2）数值模拟方案设计及运算

根据油田的实际情况设计了 9 套方案，各方案中除了井距不同其他方面都相同，方案设计见表 4-16。

表 4-16 井距方案设计

方案	井距
1	100
2	125
3	150
4	175
5	200
6	225
7	250
8	275
9	300

模型保持注采平衡，即注入量等于产液量，从而使地层压力保持恒定。每个方案均从初始时刻运算到含水率极限即含水率达到 98% 为止。为保证整个计算过程的正确性，运算的同时监测了压力的变化。

（3）方案预测和结果分析

通过数值模拟计算得到了各方案在含水率达到 98% 时的采收率。计算结果如表 4-17。

表 4-17 各方案计算结果表

方案	井距	含水率（%）	最终采收率（%）	开发年限（年）
1	100	98	41.08	4.84
2	125	98	41.28	7.25
3	150	98	41.37	9.42
4	175	98	41.44	12.68
5	200	98	41.51	15.51
6	225	98	41.54	19.68
7	250	98	41.56	23.10
8	275	98	41.59	28.18
9	300	98	41.60	32.27

井网密度越大,最终采收率越高。随着井距的增加,开发年限呈上升趋势。通过比较不同井距下采油速度来确定合理注采井距。应用数值模拟以及公式计算出的理论采油速度:

采油速度 = 采收率 / 生产时间(年)

计算出的理论采油速度结果如表4-18。

表4-18 理论采油速度

方案	井距	理论采油速度(%)
1	100	8.49
2	125	5.69
3	150	4.39
4	175	3.27
5	200	2.68
6	225	2.11
7	250	1.80
8	275	1.48
9	300	1.29

三、层系井网调整方式

（一）层系组合原则

（1）一套层系内油层地质条件应尽量相近,渗透率变异系数尽量控制在0.8以下,若层系划分之后无法满足该条件,则需通过分步射孔和分层注水等技术尽量减小其层间矛盾;

（2）各套层系调整厚度尽量均匀,并满足各层系厚度界限要求;

（3）每套层系组合井段不宜过长;

（4）各套层系调整对象与其他层系调整对象要留有稳定的隔层,以防止窜槽。

（二）井网调整方式

通过数值模拟、油藏工程方法、经济评价等方法,确定了该区块技术经济界限,合理的注采井距是150~200m,纵向渗透率变异系数控制在0.63以下,层系组合跨度控制在93m以下,调整有效厚度界限6.7m。

对区块开展区域化、个性化、精细化跟踪调整,以保证调整效果。对于区块含水级别高的井区,通过调节注水量,达到控制含水上升的目的。针对供液状况差的井组,开展酸化、压裂、补孔、洗井等措施,加强供液。在油井发育差的井组,应用环保酶压裂新技术,达到增油效果。通过调大参解决生产压差小的井组注水量低的问题。

（三）井网优化技术

超低渗透油藏中流体的流动区别于中高渗透性油藏中的渗流,存在启动压力梯度。

当注采井间驱替压力梯度大于启动压力梯度时，该点油层动用，当注采井间最小驱替压力梯度大于最大启动压力梯度时，有效注采关系才能建立，合理井网井距对油藏动用至关重要。

1. 有效提高了采油速度、采收率，提升了稳产水平

加密调整后试验区采油速度由 0.68% 上升到 1.49%，动态预测阶段采收率由 18% 上升到 21%。目前加密井产量占油藏总产量的 1/5，加密区采油速度是非加密区的 3 倍。加密调整对有效动用剩余油，提高采收速度和采收率有积极作用。

2. 改善了井间储层连通性，提高了水驱控制程度

通过加密调整重新构建了驱替系统，改变了一次井网水驱模式，扩大了水驱波及范围，剩余油得到有效动用，最终波及系数从 0.36 提高至 0.65。

3. 驱替系统重新构建，注采压力场分布更加合理

加密后裂缝侧向井地层压力由 13.9MPa 上升到 16.1MPa，压力保持水平由 74.3% 上升到 86.1%，水驱主侧向压差由 15.1MPa 下降到 10.2MPa。加密调整后有效驱替系统更易建立，平面压力分布更加合理。

第四节　开发技术政策优化

油藏准自然能量开发亟待解决的问题归纳为以下三点：

1. 工艺、井网井距的问题，即进行合理规模的压裂，以增大改造区面积，并且以较大的入地液量达到延长压裂液弹性驱时间和提高阶段产能的目的；以及如何选择合理井距，井控合适的地层弹性能的问题；

2. 工作制度的问题，即如何合理配产，控制能量释放过程，使得驱替能量有效接替转换；

3. 提高采收率的问题，即开发中后期如何补充弹性能使得驱替能量有效供给的问题。

一、井网参数优选

通常情况下井网密度越高采出程度越大，但是相应的成本就越高，而合理的井排距是确定合理井网密度的关键指标，如果想要在较大井距的井网形式下，实现最大限度的动用，就必须明确体积压裂水平井压力波传播规律。

根据动用范围与裂缝半长之间关系，随裂缝半长的增加，裂缝外部弹性能控制范围逐渐变小，当裂缝半长达到 500 米的时候油藏基质基本上不被动用，同时通过裂缝长度与水平方向弹性能控制范围关系，可以得到适合示范区致密油藏体积压裂水平井开发合理井距图版。根据该示范区平均半缝长接近 400 米，优化出该区域最优井距为 800 米。

同理缝长与排距匹配关系：随裂缝半长的增加，裂缝外部基质弹性能控制范围逐渐

变小；通过裂缝长度与垂直方向弹性能控制范围关系，可以确定合理排距。根据半缝长400米，优化出最优排距为60米。

二、合理工作制度

致密油藏准自然能量开发主控因素之一是工作制度，可见工作制度对产能的影响很大，由于Y10井前期工作制度不合理，配产太高，造成前期递减较快。配产太高会造成压力亏空太快，产能递减较快，当达到经济极限产量时累积产量会不够理想，而如果配产太低，会造成产能低使油田回收期变长，经济效益不理想。所以针对致密油示范井区水平井研究合理工作制度具有重要指导意义。

体积压裂水平井井网排列主要有正对排状井网和交错排状井网两种。

运用数值模拟方法，基于不同井网形式，分别选取300米、600米、1000米井距三种情况，分析不同配产情况下累产油量，形成不同情况下累产油图版。从各图版可以看出，随着井距的、半缝长的增加，累产油量增加。针对不同井距不同井网情况下的累产油量分析，当配产10t/d-14t/d时，随着配产的增加，20年生产累产油量不再增加。因此，根据以上分析，优选出该区域合理的配产为10t/d-14t/d。

三、开发中后期提高采收率方法

致密油藏由于其储层特点，仅依靠天然能量或准自然能量开发采收率较低，基于致密油准自然能量开发X示范区的特点，结合数值模拟研究，对水吞吐、重复压裂以及二氧化碳吞吐的开发方式进行探讨及效果分析，为X井区补充地层能量提供指导和借鉴。

（一）不同开发方式驱油机理探究

1. 水吞吐渗吸驱油机理

在渗吸驱油过程中，油水多相渗流体质点主要受到毛细管力、油水重力差的作用。如果在渗吸过程中毛细管力占主导，则驱油过程是一种逆向的油水交换过程；反之如果渗吸过程更多地依赖于重力，油就会以与水相同的方向被驱离岩心。

2. 重复压裂机理

从目前重复压裂作用主要机理有以下几种：

（1）重新张开原水力裂缝

之前压开的裂缝，因地层压力下降，使闭合压力大幅度上升，原有压裂缝闭合。利用重复压裂技术，对地层能量进行补充，将会是原本的裂缝张开。

（2）有效地延伸原有裂缝系统

利用重复压裂技术，扩大原有的裂缝系统并扩大泄油面积，改善原本裂缝系统的油流通道。

（3）冲洗裂缝面

原本处于压开状态的裂缝面,由于压裂液污染,造成堵塞,影响裂缝面渗流,对裂缝面进行冲洗,可并将堵塞物返排出油井,对裂缝面解堵。

(4)再填充支撑剂

由于已有裂缝种的支撑剂的破碎情况的增加,利用重复压裂技术,对已压裂裂缝在此填充支撑剂,恢复其高导流能力,使重复压裂井有效增产。

(5)压开新裂缝

重复压裂技术除了对老裂缝的导流能力恢复之外,还可以在油层中打开新的裂缝,可以更大程度的扩大泄油面积,提高波及程度,达到大幅度提高产能的目的。

3. 二氧化碳吞吐提高采收率机理

二氧化碳吞吐提高原油采收率的机理除了与一般气体相同,都具有驱替效果之外,还因 CO_2 本身易溶于原油而存在一些特殊驱油机理,包括混相及非混相两种,主要有以下几点作用:

(1)吞吐补充地层品星

二氧化碳吞吐通过"吞""焖""吐"三个阶段进行周期性的补充地层能量,"焖"阶段进行能量传播,从而在"吐"阶段提高采出更多的流体,使得进井地带的压力得到周期性的抬升和补充。

(2)二氧化碳降低界面张力

相间传质作用降低界面张力机理。二氧化碳与地层原油多次接触通过抽提 C2 ~ C10 组分不断富化,逐渐降低油气界面张力,降低残余油饱和度,提高驱油效率。注入气体前缘气相中轻质组分逐渐增加,降低 σ,提高洗油效率;气体过渡带之后,原油与新鲜的注入气不断接触,形成新的平衡气液两相,经过向后多次接触和蒸发,油相中轻/中质组分逐渐降低,油相逐渐变重,最终形成残余油。

(3)二氧化碳原油体积膨胀

二氧化碳在原油中充分溶解的过程,大幅度地增加了(一般可达到 10%~100%)原油的体积,原油体积的该种膨胀过程对驱油有以下重要作用:

第一,水驱后残余油与膨胀系数成反比;

第二,泄油的相对渗透率曲线高于他们的自动吸油相对渗透率曲线,形成一种在任何给定饱和度条件下都有利的油流动环境;

第三,可显著增加地层的弹性能量,膨胀后的剩余油脱离或部分脱离地层水的束缚,变成可动油。

(4)多轮次吞吐往返驱替,增加洗油效率

对比三种开发方式在不同位置处的洗油效率,可以看出,随着 CO_2 的注入,动用半径不断扩大,其洗油效率高于衰竭开发和水吞吐,在 CO_2 渗流到不同位置时,经过多轮次吞吐驱油效率逐渐增加,后期增加缓慢。

（二）水吞吐、重复压裂措施效果

准自然能量衰竭开发一段时间后，水吞吐一个周期后，采用重复压裂增产方式再来进行开采。

水吞吐、重复压裂对致密油开发产能提升明显，具有很好的利用前景，致密油示范区水平井后期改善开发效果提供了很好的指导作用。比较水吞吐和重复压裂两种增产方式，虽然重复压裂的成本相对来说更高，但是整体来说重复压裂开发效果更好，而水吞吐的增产效果不够明显，建议结合井区实际经济情况选取采用增产方式，以期达到更好的经济效益，为油田增产增效。

（三）二氧化碳吞吐参数优化

CO_2 吞吐需要利用组分数值模拟模型，其中 PVTi 拟合对组分数值模拟至关重要。

1. 原油组分重组

虽然状态方程在纯组分和简单多组分的相态计算中能够保证足够的精度，但是在预测复杂组成的油藏流体方面存在误差。更何况，由数千个化合物组成的实际油藏流体，仅用有限数量的纯物质和碳组来描述时，本身也会影响计算的精度。为了更符合实际流体物性，需要对原油进行重组，下表为重组后地层流体的组分含量。

等组分膨胀实验是研究不同注入气对流体相态和驱油机理的影响。以等组分膨胀实验数据为基础，应用 PVTi 数模软件对油田提供的流体的基本参数进行拟合，选用现行的 PR3 次状态方程，通过调整状态方程的参数和拟组分的临界参数进行拟合，包括原油相对体积、流体密度、流体黏度。

经过对 X 区块流体一系列参数的拟合，得到了符合真实油藏流体相态特征的拟组分，为下一步进行二氧化碳吞吐的数值模拟提供了 PVT 基础。从图中可以看出，PVTi 拟合结果的精度较高，误差相对较小，较好地匹配了实验数据，从而认为拟合的油藏流体反映了真实流体的相行为。

2. 吞吐参数优化

通过 Eclipse 中的组分模型建立二氧化碳吞吐数值模拟模型，模拟不同注入速度、焖井时间、生产时间、吞吐周期等关键参数下的吞吐效果，并优选最佳吞吐参数。

在此引用两项引得评价指标，分别是定义为表征进行 CO_2 吞吐后与维持原来的生产方式生产的两种状态下的产油量差的增油量和表征 CO_2 吞吐下累计产油量与注入 CO_2 总量的比值的换油率，其中增油量的单位是 m^3，换油率的单位是 $m^3/10^4m^3$，通过这两个指标优选出最佳吞吐参数。

（1）二氧化碳转注时机优选

针对衰竭开发转二氧化碳吞吐，在不同时间进行注入方式的转换，优化转注时机：约3年。

为了充分且合理地利用天然能量，保证初期的采油速度，通常开发初期以衰竭开发为主,当地层压力降低到一定水平,转为 CO_2 吞吐开发。本节以平均地层压力为标准,分别模拟转注时间为 0 年、1 年、2 年、3 年、4 年、5 年时转为 CO_2 吞吐开发的开发效果。采出程度变化曲线在不同时机转注后都存在一个上升段,说明注入 CO_2 流体后,地层能量得到补充,单井产能迅速提高。

随着转注时间的推移,增油量在不断地变大。但是对于换油率,转注时机从 0 到 3 年,换油率是在不断地增大,当转注时机大于三年后,换油率随着时间的推移不断减小。所以优选出最佳转注时机为 3 年。

(2)周期注入量优选

在优选了转注时机的基础上,优化周期注入量。设定周期注入时间 50 天,焖井时间为 15 天,生产时间为 300 天。

在注入速度为 3.5 万方 / 天之前,随着注入速度的增加,增油量不断增加,换油率也是不断增大的。当注入速度大于 3.5 万方 / 后,注入速度的增加,增油量几乎不再变化,而换油率越来越低。这是因为当注入速度过小时,能量补充不足,当速度过大时,汽油比过高造成的。由以上分析可以优选出最优化注入速度为 3.5 万方 / 天,即周期注气量为 2975 万方。

(3)焖井时间优选

优选出转注时间(3 年)和周期注气量(2975 万方)的基础上,优化焖井时间,分别从焖井时间 0 天、5 天、10 天、15 天、20 天和 25 天六种情况进行分析。

当焖井时间大于 10 天时,随着时间的增加,换油率和增油量不断减小。因为当焖井时间小于 10 天时,注入的二氧化碳全在井筒和裂缝内,造成生产汽油比过高,而焖井时间大于 10 天时,由于压力向外扩散,压力降低能量不足所致。所以基于以上分析,选取最优化焖井时间为 10 天。

(4)生产时间优选

保持注气速度为 3.5 万方 / 天,焖井时间为 10 天,转注时间为 3 年,生产时间分别为 100 天、150 天、200 天、250 天、300 天、350 天进行模拟,优化出最佳生产时间为 200 天。

(5)吞吐周次优选

在前面优化的基础上,设定注气速度为 3.5 万方 / 天,焖井时间为 10 天,生产时间为 200 天,通过换油率,增油量两个参数来评价,建议吞吐周次为 10~20 次。

第五章 碳酸盐岩油气藏储层改造技术

塔河油田奥陶系碳酸盐岩缝洞型油藏油井完井后大多自然产能低或无自然产能，75%的井需要通过储层改造形成人工裂缝，沟通油气储集空间，提高油井产能。由于油藏类型复杂储层非均质性强、埋藏深，井下温度高，储层改造面临以下问题：一是以塔河油田10区、12区为代表的储层液体滤失量大酸蚀裂缝穿透距离有限；二是以托甫台跃进区块为代表的井层深度超过6 00 m，施工压力高，施工规模及排量难以得到有效提高，施工难度大；三是以塔河油田6区和7区为代表的储层底水发育，内部地应力差小，酸压改造容易沟通水层，需要能够有效控制小跨度井层酸压裂缝高度的材料和工艺技术；四是塔河外围油藏类型愈加复杂，采用水平井开发成为趋势，但碳酸盐岩缝洞型油藏水平井分段酸压技术尚未配套。

针对以上难题，结合不同的区域储层地质特点，研究形成了多种技术：大型深穿透复合酸压技术，将酸蚀缝长由120 m提高到140 m；超深井酸压技术，能实现7000 m以浅井成功酸压；控缝高酸压改造技术，能将避水高度由60m降低到40m；在玉北实现超深井分三段成功改造。这些技术在现场应用中取得了很好的效果，为塔河油田的高效开发提供了技术手段。

第一节　大型深穿透复合酸压技术

针对塔河油田12区酸岩反应速度快、酸液流失严重、有效酸蚀缝长短等难点，开展酸压液体优选酸压液体注入优化、酸压工艺参数优化，形成增加有效酸蚀缝长的大型深穿透复合酸压技术，优化施工规模施工参数，注入工艺降滤失技术和配套技术，为碳酸盐岩缝洞型油藏酸压优化设计提供理论依据和工艺技术。

一、酸压液体优选

1. 前置液体系

在分新塔河油田12区储层地质特征以及已施工井施工数据的基础上，优选出满足大型深穿透复合酸压储层改造需要的前置液体系——0.45%（质量分数）胍胶的滑溜水。

前置液配方0.45%胍胶+1.0%（质量分数）助排剂+油田水。

0.45%重较的潜酒水在140℃，170s^{-1}条件下剪切60 min.其熟度在15 mPa·s左右，可满足超大规模酸压改造控缝高、携砂的要求，实现工艺有效性与经济实用性的统一。

2. 酸液体系

大型复合酸压要求酸液具有反应速度慢、滤失量小、穿透距离远的性能。通过室内实验，评价优选出耐温140℃的变黏酸作为大型复合酸压的酸液体系。

变黏酸配方：20%（质量分数）HC1+0.8%（质量分数）胶凝剂+2.1%（质量分数）缓蚀剂+1.0%（质量分数）助排剂+1.0%（质量分数）铁稳剂+1.0%（质量分数）破乳剂+0.6%（质量分数）变黏酸活化剂。

该变黏酸在120℃条件下的反应速度比普通酸液体系低个数量级以上，可以有效减缓酸岩反应，增加深穿透能力，并且利用其变黏过程得到较好的降滤失效果。

二、酸液注入优化

1.酸液组合优化

为了更好地提高酸蚀裂缝的导流能力，使用不同的酸液进行交替注入研究，优选评价出"变黏酸+胶凝酸"组合，利用二者在地层温度条件下存在黏度差异的特性形成黏性指进，利用变黏酸地缓速性提高酸蚀距离，利用尾追反应速度快的胶凝酸提高近井导流能力。

2.降滤失剂优选

通过现试应化法100目粉陶降建失在压发波中加入100目粉陶，利用粉陶小顺粒堵塞微裂缝，降低施工液体失性提高酸压作用距离。

3.施工参数优化

1）优化砂量、砂比

采用低砂比、小粒径砂粒，先封堵较窄的裂缝，随着压裂的进行，各缝宽逐渐增加，逐渐采用大粒径砂粒，并适当增加砂比。优化加量为 30～60 t，最优加砂质量浓度为 80～100 kg/m³。

2）优化施工排量

排量较低时，大部分酸液消耗在井底附近，酸蚀裂缝较短，近井地带裂缝导流能力较强，类似于短宽缝。增加排量后，有效酸蚀缝长增加，近井地带裂缝导流能力降低，远井地带裂缝导流能力有所提高，即变为长窄缝。当排量大于 7 m³/min 后，酸蚀缝长增加相对减缓。排量过高，会对施工设备、井口以及管柱、管线要求过高。在使用的模拟参数条件下，排量在 7～9 m³/min 较合适。

4.管柱优化

大型复合酸压施工时，排量大，摩阻高，井口压力往往较高。优化施工管柱，采用3½in（1 in=2.54 cm）光管柱施工，注入方式采用油套混注。

三、酸压工艺参数优化

塔河油田 12 区储层一般分为Ⅰ类、Ⅱ类、Ⅲ类。Ⅰ类包括 3 种储集类型，即溶洞型、裂缝—溶洞型和裂缝—孔洞型；Ⅱ类为裂缝型储层；Ⅲ类为孔、洞、缝均不发育的非有效储层。

Ⅰ类储层近井地带裂缝、溶洞发育，储集体规模一般较大，因此不推荐进行大型深穿透复合酸压。

Ⅱ类储层天然裂缝发育，液体滤失量大，闭合应力高，采用滑溜水携粉陶＋不同酸液复合酸压工艺，利用粉陶降滤失，保证近井地带的裂缝导流能力，适当增加加砂撒，在远端形成支撑导流，后期采用过顶替，尽量提高酸液作用，综合提高整体改造效果。

Ⅲ类储层一般较致密，缝洞不发育，依靠弹性能量开采，没有外来能量补充，地层压力随液体采出下降较快，建议压前注入油田水进行能量补充，采用水力压裂与酸压复合工艺，大规模滑溜水压开地层，降低滤失，造长缝，与冻胶携砂复合，在人工裂缝远端起支撑作用并提高裂缝端部的导流能力。由于该类储层发育较差，为防止砂堵，应适当减少加砂量。

大型复合酸压技术可使酸蚀裂缝长度达到 143 m，该技术在示范区现场实施 10 井次，有效率达 90%，初期平均产量为 36 t/d，累增油 1.289×10^5 t。有效期最长达到 1 622 d，增油效果显著。

第二节　超深井酸压技术

随着塔河油田勘探开发的进行，储层更加复杂，外围区块储层品质差，储层埋深增加（储层埋深从 6 000 m 增加到 7 300 m 左右，平均在 6 500 m 以上），温度在 150℃ 以上，储层施工压力高，给酸压施工设备、配套工具和工作液体性能带来挑战。针对奥陶系储层超深、高破裂压力、高温、孔隙及裂缝欠发育等特点，研究形成了压前酸化预处理、深穿透射孔等压前预处理技术，配合压裂液加重、添加降阻剂、管柱优化和地面设备配套等多种措施，成功解决了奥陶系储层发育差、地层埋藏深、难以实施有效改造的技术难题。

一、抗高温高压裂液及酸液体系

1. 抗高温高压裂液

抗高温高压裂液配方：0.52% 高温改性胍胶 +2.0%KCl+0.5% 温度稳定剂 +0.03% 杀菌剂 +0.5% 助排剂 +0.5%BA1-13 黏土稳定剂 +0.1%Na$_2$CO$_3$。

有机硼锆复合交联剂的交联比为 0.6%，交联剂 A：交联剂 B 为 100∶10。150℃，170s^{-1} 剪切 2 h 后该体系黏度大于 200 mPa·s，150 ℃破胶剂过硫酸铵加量 20mg/L，10 min 后冻胶黏度降到 20 mPa·s 以下，20 min 后黏度接近 10 mPa·s，这表明高温高压裂液在地层中使用过硫酸铵破胶剂能有效破胶。

2. 交联酸体系

交联酸配方：胶凝剂 1.0%+ 高温缓蚀剂 3.0%+ 多功能添加剂 3.0%+ 交联延迟剂 0.5%+ 交联剂 1.2%。

该体系耐温 140℃,在 170 s^{-1} 剪切 120 min,黏度保持在 100 mPa•s;具有较高的黏度、良好的热稳定性能、明显的缓速性能(与胶凝酸对比提高 30% 以上)、较好的破胶性及延迟交联特性,能够实现深穿透的酸压裂改造目标。

二、工艺优化与配套

针对塔河油田 12 区奥陶系储层超深、高破裂压力、高温、孔隙及裂缝欠发育特点,形成了施工规模优化、压前酸化预处理、压前深穿透射孔等压前预处理、施工管柱优化等工艺优化与配套。

(1)确定一套根据有利储集体与井筒距离确定施工规模的方法。

(2)采用压前酸化或射孔预处理,有效降低地层破裂压力,以降低对地面设备的承压要求。

酸液能溶解储层中的胶结物,在微观上改变岩石的物理性质,如孔隙度、渗透率;酸液与矿物成分发生化学反应,破坏井眼附近地层岩石结构,在宏观上改变岩石力学参数,如杨氏模量、泊松比、抗张强度等,从而达到降低地层破裂压力的目的。现场应用表明,压前酸化预处理技术可降低破裂压力梯度 0.001 1 ~ 0.004 0 MPa/m。

射孔孔眼是沟通井筒和地层渗流的通道,在压裂目的层段射孔可以有效降低地层破裂压力。

(3)采用大通径油管浅下

在管脚固井质量良好的前提下,采用大通径油管浅下的方法,在 5 m^3/min 排量下,2 $\frac{7}{8}$ in 油管每减少 1 000 m 施工摩阻可降低 10 MPa 左右,3 $\frac{1}{2}$ in 油管每减少 1 000 m 施工摩阻可降低 7 MPa 左右。因此,酸压管柱设计应尽可能减少管柱长度,同时在管柱安全的条件下增加 $\frac{1}{2}$ in 油管用量,以有效降低管柱摩阻。

超深井酸压工艺现场试验 34 口井,成功率 100%,有效率 88.24%,累增油 2.674 × 10^5 t。

第三节　控缝高酸压改造技术

塔河油田 6 区、7 区储层内部地应力差小,酸压改造避水高度低,难以形成有效应力隔挡,且微裂缝发育,导致缝高难以控制,研究形成覆膜砂控缝高技术、多级停泵沉砂控缝高技术和凝胶人工隔层控缝高技术,实现小跨度井层控缝高、深穿透酸压改造。

一、覆膜砂控缝高技术

1. 技术原理

在压裂过程中,影响裂缝高度的四要素是:岩石物质特性、施工参数、地层应力差和裂缝上下末端阻抗值。其中,裂缝上下末端阻抗值可以通过人为方法加以改变,即在造出一定规模的裂缝后,用携砂液携带覆膜砂进入裂缝,在裂缝的底部形成一个低渗透人工隔层,限制携砂液压力向下部传递,从而改变缝内垂向上流压分布,降低下部井段中缝内流压与地应力之差,增加下隔层与产油层之间的地应力差,抑制缝高的增加,起到控缝高的作用,使后来注入的携砂液转为水平流向,从而增加缝长。

覆膜砂不仅在压裂施工中作为下沉剂控缝高,在生产过程中还有一定的阻水作用,从而达到延长无水采油期、降低生产含水的目的。综合来看,采用覆膜砂作为下沉剂控缝高优于普通陶粒。

2. 加砂浓度

将携砂液与不同质量浓度的覆膜砂混合注入人造岩芯裂缝,在裂缝中形成阻挡层,对形成阻挡层的岩芯进行渗透率测定,确定携砂液和覆膜砂的最优组合及其阻挡效果。实验结果推荐的覆膜砂质量浓度为 $60 \sim 120 \ kg/m^3$。携砂液黏度主要影响覆膜砂的下沉速度,从而影响人工隔层的形成时间。

3. 加砂时机

由于滤失因素的影响,排蚤小时滤失量相对较大,达到预期缝宽需要的前置液量较多,加砂时机应结合具体排量确定。塔河油田水体发育区块改造需要控缝高,泵注压裂液时控制排量,施工前期阶梯提高排量至 $4.0 \ m^3/min$ 左右,推荐泵注压裂液 $80 \sim 100 \ m^3$ 时开始加砂。

4. 加砂量

加砂量会影响人工隔层的铺设厚度,从而影响人工隔层与产层之间的应力差。加砂量过少,形成的人工隔层过薄,不能有效阻挡裂缝向下延伸;加砂量过大,容易造成砂堵,导致施工无法继续进行。针对同一单井,固定施工规模、排量等参数,仅改变加砂量,利用 FracproPT 软件模拟不同加砂量对裂缝参数的影响。

二、多级停泵沉砂控缝高技术

对于高角度裂缝较发育、底水特别发育的储层,普通的控缝高方法效果有时较差,采用加砂后停泵可使粉陶或覆膜砂充分沉降在裂缝底部,再重新起泵施工,控缝效果较好。

1. 停泵时间

停泵后,砂粒在重力的作用下下沉到裂缝底部,停泵时间应满足尽可能多的砂粒沉降,形成强度更高的隔层。裂缝闭合后,砂粒不再沉降,停泵时间可以根据裂缝闭合时间来确定。塔河油田的裂缝闭合时间经验值为 $12 \sim 16 \ min$,现场施工时可根据压降曲线判断,压降曲线走平的点则为裂缝闭合点。

2. 沉砂级数

利用压裂模拟软件,对不加覆膜砂、加覆膜砂不停泵和加覆膜砂后停泵 3 种方法进行了模拟计算,不同方案的模拟计算结果表明:加入覆膜砂比不加裂缝高度降低了 14.05 m,停泵沉砂比不停泵裂缝高度降低了 9.55 m,停泵沉砂后形成隔层强度更高,可进一步控制裂缝向下延伸。

3. 携砂液黏度

对不同黏度的携砂液进行沉降实验,实验结果表明携砂液黏度越高,沉降速度越慢。

4. 砂浓度

对混有不同浓度砂子的携砂液进行沉降实验,实验结果表明,8%~10%(质量分数)砂浓度的沉降速度能够满足现场施工要求,多级沉砂施工时推荐砂浓度为8%~10%。

三、凝胶人工隔层控缝高技术

1. 技术原理

在传统控缝高技术的基础上进行改进,创新提出凝胶人工隔层控缝高技术,注入固体凝胶颗粒后,在储层条件下诱发凝胶颗粒的变黏效应,使其部分融化,绝大部分凝胶颗粒相互粘连在一起,从而形成超低渗透隔层,产生巨大的隔层应力差,达到控制裂缝高度的目的。

2. 新型隔离剂的评价与优选

为了进一步提升破胶型隔离剂的控缝高效果和破胶效率,针对塔河油田的高温、超深储层地质条件,对破胶型隔离剂进行改进。改性破胶型隔离剂的膨胀性能和耐温性能得到了大幅度改善。突破压力实验装置测试了3套体系的突破压力曲线。

3. 数值模拟评价

在 Palmer 模型和 Morales 模型的基础上考虑双线性流动模式、裂缝张开位移扩展判据、裂缝壁面复杂应力分布和压裂液的初滤失,建立了裂缝拟三维非对称延伸模型。

4. 凝肢泵注时机

建立井筒温度场模型和裂缝温度场模型,并结合二者的模拟结果优化泵注程序。在塔河油田的地质条件及施工条件下,泵注凝胶隔离剂 10 min 左右(隔离剂用量 5~6 m³)即可达到 10 MPa 左右的隔离强度,达到控制缝高延伸的压力,能够满足要求,隔离剂在施工过程中强度几乎没有变化,施工后期可以注入破胶剂促使隔离剂破胶。

新型隔离剂实验室评价能够满足现场施工要求,在塔河油田具有良好的推广前景。采用覆膜砂控缝及多级沉砂等控缝高技术现场试验 7 口井,成功 7 口,成功率 100%,有效率 85.7%,累增油 5.24 × 10⁴ t。

第四节　水平井分段酸压改造技术

玉北等储层具有超深(≥6 000 m)、高温(≥140℃)、非均质性强的特点,地质预测主要为裂缝、裂缝溶蚀孔洞型,常规直井及侧钻井建立率低,仅为 64%,储层笼统酸压建立率为 65.4%,低于开发井建立率,效果不理想。水平井分段酸压一次沟通多套缝洞系统是提高此类油藏开发效果的有效手段。

在对国内外分段完井工艺调研的基础上,开展塔河油田分段酸压工艺、配套工作液体系及工艺参数优化,形成缝洞型水平井分段酸压完井技术,为这类储层的动用和开发提供手段。

一、分段酸压工艺

通过调研分析目前国内外用于分段压裂的工艺得出:①封隔器双封单压技术,深井固井要求井眼尺寸大(尾管≥5.5 in),大型改造与上修作业同时进行受场地限制,排量≤3 m³min,拖动管柱时井控风险大,需重新下生产管柱;②可钻式桥塞技术,井深≤4 500 m 的小井眼钻磨桥塞配套工艺不完善,井口要求大通径及电缆防喷装置,套管承压要求高,需重新下生产管柱,作业周期长;③连续油管拖动技术,井深(≤4 500 m)设备受限,排量小(≤3 m³min),喷嘴耐磨受限,施工压力高。

鉴于各技术本身的局限性,目前在塔河油田可用的技术只有"裸眼液压封隔器+滑套"及"遇液膨胀封隔器+滑套"两种。

玉北区块储层埋深在 5 700 m 以下,地层温度梯度为 2.46℃/(100 m),地层压力梯度为 0.87 MPa/(100 m),延伸压力梯度为 1.8 MPa/(100 m),扩径较严重。在井径变化较大的条件下(井径变化>5%),根据井筒条件、储层特点、封隔器耐压需要,优选出的"水平井液压裸眼双胶筒封隔器+滑套"技术在玉北区块 1-3H 井上成功应用。

二、工作液体系

玉北 1 井区鹰山组储层微裂缝发育,且地质低孔、低渗,易受外来固相、压裂液残渣伤害,据此特点对酸压工作液体系进行优化。

1. 压裂液

储层损害机理是指在油气井作业中油气层受到损害的原因及物理化学变化过程,它是制定和实施保护油气层技术的基础。D.B.Bennion 等提出了不同油气藏的损害机理。

玉北区块属于裂缝型碳酸盐岩储层,在液体选择上要重点考滤液—液不配伍、固相侵入的影响。

选用玉北区块具有代表性的岩芯做五敏实验,针对玉北区块储层,以降低外来液体对储层的伤害为目的,以保证改造效果为原则,对压裂液体系进行优化。

优化后的压裂液配方:0.45% 胍胶+0.03% 柠檬酸+0.03%pH 值调节剂+1.0% 助排剂+1.0% 破乳剂+0.1% 杀菌剂+1.0% 黏土稳定剂+0.5% 温度稳定剂+1.0%EFR 降阻剂。

6%LK-9 有机硼交联剂,交联比为 10∶1。

2. 酸液体系

裂缝参数优化结果表明,提高酸蚀裂缝缝长和导流能力是有效增产的关键。为了提高有效酸蚀缝长和裂缝导流能力,经分析论证,采用高温胶凝酸酸液体系。利用高温胶凝酸具有耐温高、低酸岩反应速度、低滤失、深穿透等优点,在地层中形成一条兼具深穿透和持久导流能力的酸蚀裂缝,提高酸压井压后产能和有效时间。

优化后的高温胶凝酸配方：20%HCl+1.0%酸液高温胶凝剂 +2.0%高温缓蚀剂 +1.0%助排剂 +1.0%铁离子稳定剂 +1.0%破乳剂。

3. 现场液体配制

玉北区块属边远区块，若采用塔河油田把液体配好再运输到井场的方法，不仅安全风险增加，经济成本也会增加。在这种情况下，研究出了现场配液的方法，解决了这一难题。

特级胍胶压裂液的优点：压裂液残渣减少 1/3，胍胶质量：分数下调至 0.45%，压裂液黏度大于 100 mPa•s，伤害率为 22.9%，且与玉北地区地层流体配伍性良好。

压裂液现场配制的主要问题是配液水。为了配制出达标的压裂液，先在井区收集水样，在实验室进行配伍性实验，再用配伍性良好的水样配制压裂液，对试样进行性能检测，最后优选性能好的水样进行现场压裂液配制。

酸液的现场配制：传统的酸液配制方法是从酸罐中抽取低黏酸液，通过喷射泵吸入胶凝剂干粉后不断在罐内循环，形成胶凝酸成品，这种方法容易导致配液用喷射泵吸入口堵塞，影响配液效率。可多采用一个相当容积的配制罐，按设计要求配制出准备液，搅拌均匀，先向配制罐中打入 10～15 m³ 准备液作底液，从第一配料罐抽 10～15 m³ 准备液到配制罐中，用喷射泵抽胶凝酸稠化剂到配制罐中，边抽边搅拌，抽完后添加附加剂。重复上述方法，直至最后一个配料罐成为空罐，酸液配制完毕。

三、参数优化

根据预期获得的累积产量及有效期，在不同导流能力、缝长条件下，优选最佳裂缝参数，根据控缝高需要、各级滑套节流压差、地面施工压力优化施工排量，优选前置液比例，优化各段施工规模。

1. 裂缝条数

裂缝条数优化主要考虑如下因素：油藏极限供油半径、缝间生产干扰、水平段储层发育分布、完井工具分段能力等。

产量最优化原则：在井径允许条件（井径变化＜5%）下，综合地质、油藏认识，建立目标井数值模拟模型，并预测不同裂缝参数条件下的油井产量变化动态。寻找阶段累积产量（投资回报率）拐点作为最优目标。

优化结果表明：裂缝条数小于 3 条时，随着裂缝条数增加，累积产量直线上升，达到最优条数后增加幅度降低。以 3 年累积产量为判断准则，最优裂缝条数为 3～6 条，大于此范围后累积产量的增加幅度明显降低。

2. 裂缝参数

根据数值模拟结果，压后初期产能和阶段累积产量随着裂缝长度增加而递增，当裂缝长度达到一定值后，增加裂缝长度对平均日产量、累积产量贡献不大。考虑到工程技术现状等综合因素，井区最优酸蚀缝为 100～130 m。

根据裂缝条数、缝长优化结果，压后初期产能和阶段累积产量随着导流能力增加而明显递增，这表明酸压改造应注重提高酸蚀裂缝导流能力，使裂缝导流能力达到 $300 \times 10^{-3} \mu m^2 \cdot m$ 以上。

3. 施工规模

塔河碳酸盐岩底水油藏无统一油水界面，为了达到避免沟通水层的同时尽可沟通界面以下水平段以上有利储集体的目的，适当控制缝高，但缝高不宜过小。综合考虑，单段酸压规模应控制在总液量 600 m³ 左右。

在规模均等的前提下，随着前置液质分数增加，裂缝导流能力降低。为了实现裂缝导流能力达到 $300 \times 10^{-3} \mu m^2 \cdot m$ 以上的目标，前置液质量分数应控制在 50% 以内，较优前置液质量分数范围为 45% ~ 50%。综合考虑，单段酸压规模应控制在总液量 600 m³ 左右。

4. 施工排量

对碳酸盐岩缝洞型油藏实施酸压改造提高施工排量有助于提高液体效率和酸液作用距离，同时会导致管线摩阻增加，地面施工压力增加，裂缝高度过度延伸。通过模拟，裂缝高度对施工排量的敏感性较强，结合油水界面关系及各级滑套节流压差，泵注压裂液冻胶阶段施工排量控制在 4.5 ~ 5.0 m³/min 之间。

5. 投球打滑套排量优化

从已施工超深水平井经验来看，选择低于 2.0 m³/min 的投球和打滑套排量有利于顺利完成投球和观察滑套打开压力显示，送球排量最高可达到主压裂排量水平。根据管柱容积计算出送球液量，提前 5 ~ 10 m³ 降低排量候球人座。

针对 YB1-3H 井储层发育条件、底水情况、水平段井径扩径情况对该井进行优化设计，下入 2 个封隔器，对该井奥陶系中—下统鹰山组 5 809.97 ~ 6 382.00 m 裸眼井段分 3 层进行酸压改造施工，挤入地层总液量 2 273.2 m³（其中，压裂液 880 m³，转向酸 140 m³，高温胶凝酸 1 010 m³，原井筒液体 28.8 m³，滑溜水 196.4 m³，清水 18 m³），最高施工油压为 94.9 MPa，最大施工排量为 5.2 m³/min。

第六章　碳酸盐岩油气藏开采技术

第一节　自喷和气举采油

油井完成之后，投入生产，用什么方法进行采油，是依据油层能量的大小和合理的经济效果决定的。

所谓采油方法，通常是指将流到井底的原油采到地面上所采用的方法。按其能量供给的方式分为两大类。

自喷采油法：依靠油层自身的能量使原油喷到地面的方法。

机械采油法：依靠人工供给的能量使原油流到地面的方法。

因地层能量低而采用的注水采油和气举采油，从广义上讲也属于机械采油法，这是因为它们的能量是依靠人工供给的。但从原油自地层流到井底再流到地面的过程来看，它们又类似自喷采油。因此，我们将注水采油和气举采油放在第五章中讲述。

自喷采油具有设备简单、管理方便、最经济的优点。

任何油井的生产都可以分三个基本流动过程：

（1）油层渗流从油层到井底的流动。

（2）垂直管流——从井底到井口的流动。

（3）水平或倾斜管流——从井口到分离器的流动。

对自喷井来说，原油流到井口后还要通过油嘴的流动——嘴流。因此，自喷井生产要经过四个流动过程，即油层渗流、垂直管流、嘴流和水平或倾斜管流。

第一个流动过程——地层（油层）渗流属"地下地质"和"渗流力学"范畴，第三个流动——水平或倾斜管流属"油气集输"范畴，此处从略。

一、油井流入动态

油井流入动态是指油井产量与井底流压的关系，它反映油藏向油井供油的能力。表示产量与流压关系的曲线称为流入动态曲线，简称 IPR 曲线，也称指示曲线。

（一）单相液流的流入动态

根据达西定律，油井的流动方程为

$$Q_o = J\left(\overline{P}_r - P_{wf}\right)$$

J 称为采油指数。它是一个反映油层性质、流体参数、完井条件及泄油面积等与产量之间的关系的综合指标。其数值等于单位压差下的油井产量。因而可用 J 的数值来评价和分析油井的生产能力。一般都是用系统试井资料来求得采油指数,只要测得 3 ~ 5 个稳定工作制度下的产量及其流压,便可绘制该井的 IPR 曲线。单相流动时的 IPR 曲线为直线,其斜率的负倒数便是采油指数,在纵坐标(压力坐标)上的截距即为油层压力。有了采油指数就可以在对油井进行系统分析时间利用上式来预测不同流压下的产量。

1. 稳态条件下

在供给边界压力不变的圆形单层油藏中心一口井的产量公式中,采油指数为

$$J = a \frac{2\pi k_o h}{\mu_o B_o \left(\ln \dfrac{r_e}{r_w} - \dfrac{1}{2} + S \right)}$$

2. 拟稳态条件下

对于圆形封闭油藏,即泄油边界上没有液体流过,拟稳态条件下的产量公式中,采油指数的表达式为

$$J = a \frac{2\pi k_o h}{\mu_0 B_0 \left(\ln \dfrac{r_s}{r_w} - \dfrac{3}{4} + S \right)}$$

上面三式中, Q_o 为油井产量(地面), m^3/s; k_o 为油层有效渗透率, m^2; B_0 为原油体积系数,为油层有效厚度 m; μ_0 为地层油的黏度, $Pa \cdot s$; $\overline{P}_r$ 为井区平均油藏压力, P_a; P_{wf} 为井底流动压力, P_a; r_e 为油井供油(泄油)边缘半径, m; r_w 为井眼半径, m; S 为表皮系数,与油井完成方式、井底污染或增产措施等有关,可由压力恢复曲线求得; a 为采用不同单位制的换算系数。采用流体力学达西单位及法定(SI)单位时 $a=1$;采用法定实用单位,即(m^3/d), k (μm^2), μ ($m Pa \cdot s$), h (m), P (MPa)时 $a=86.4$;若压力的实用单位中用 kPa,则 $a=0.086\,4$。

（二）油气两相渗流时流入动态

油气两相渗流发生在溶解气驱油藏中,油藏流体的物理性质和相渗透率将明显地随压力而改变,因而,溶解气驱油藏油井产量与流压的关系是非线性的。要研究这种井的流入动态,就必须从油气两相渗流的基本规律入手。

1. 油气两相渗流流入动态的一般公式

根据达西定律,对于平面径向流,直井油气两相渗流时的产量公式为

$$Q_o = \frac{2\pi r k_o h \mathrm{d}p}{\mu_o B_o \mathrm{d}r}$$

令 $k_{ro} = k_o / k$ 为相对渗透率,并对上式积分,可得

$$\frac{Q_0}{2\pi k h} \int_{r_w}^{r_e} \frac{\mathrm{d}r}{r} = \int_{P_{wf}}^{P_e} \frac{k_{ro}}{\mu_o B_o} \mathrm{d}P$$

分离变量得

$$Q_o = \frac{2\pi k h}{\ln \frac{r_e}{r_w}} \int_{P_{wf}}^{P_e} \frac{k_{ro}}{\mu_o B_o} \mathrm{d}P$$

式中 μ_o, B_o 及 k_{ro} 都是压力的函数,只要找到它们与压力的关系,就可求得积分,从而找到产量和流压的关系。μ_o, B_o 及 k_{ro} 不难由高压物性资料或经验相关式得到,而 L 与压力的关系则必须利用生产油气比、相渗透率曲线来寻找。

2.Vogel 方程

Vogel 发表了适用于溶解气驱油藏的无因次 IPR 曲线及描述该曲线的方程。它们是根据计算机对若干典型的溶解气驱油藏的流入动态曲线的计算结果提出的。

计算时假设:

(1)圆形封闭单层油藏,油井位于中心。

(2)单层均质油层,含水饱和度恒定。

(3)忽略重力影响。

(4)忽略岩石和水的压缩性。

(5)油、气组成及平衡不变。

(6)油、气两相的压力相同。

(7)拟稳态下流动,各点的脱气原油在给定的某一瞬间流量相同。

计算结果表明,产量与流压的关系随采出程度 N_p/N 而变。如果以流压与油藏平均压力的比值 $P_{wf}/\bar{P}_r$ 为纵坐标,以相应流压下的产量与流压为零时的最大产量之比 Q_o/Q_{omax} 为横坐标:则不同采出程度下的 IPR 曲线很接近。

Vogel 对不同流体性质、气油比、相对渗透率、井距及压裂过的井和油层受损害的井等各种情况下的 21 个溶解气驱油藏进行了计算。其结果表明:IPR 曲线都有类似的形状,只是高黏度油藏及油层损害严重时差别较大。Vogel 在排除了这些特殊情况之后,绘制了一条参考曲线(常称为 Vogel 曲线)。这条曲线可看作是溶解气驱油藏渗流方程通解的近似解曲线。

Vogel 曲线可用下面的方程(Vogel 方程)来表示

$$\frac{Q_o}{Q_{omax}} = 1 - 0.2 \frac{P_{wf}}{P_r} - 0.8 \left(\frac{P_{wf}}{P_r}\right)^2$$

参考曲线与各种情况下的计算机计算曲线的比较结果表明:除高黏度及油层损害严重的油井外,参考曲线更适合于溶解气驱早期(采出程度较低时)的情况。

应用 Vogel 方程可以在不涉及油藏参数及流体性质资料的情况下绘制油井的 IPR 曲线和预测不同流压下的油井产量,使用很方便。但是,必须给出该井的某些测试数据。

二、自喷井管理及分层开采

自喷井管理的基本内容包括三个方面:①管好采油压差;②取全、取准资料;③保证油井正常生产。这三个方面在生产上是互相联系和相互促进的,缺一不能使油井获得高产稳产。

管好采油压差(静压与流压之差)才能使油层工作协调。以达到控制地层中油、水的流动和控制住采(油井方面)平衡,才能真正挖掘油层的生产潜量。

正常情况下,采油压差的控制是通过地面改换油嘴的大小来实现的。但在生产过程中也有其他因素影响油井在规定的压差下生产,例如油井结蜡、砂堵、设备故障筹,都应及时解除。

油井生产资料是油井分析、管理的依据,也是判断静态资料可靠性的依据,因此要取全取准所要求的资料项目。

(一)油井合理生产压差的确定

油井的合理生产压差(采油压差)就是油井的合理工作制度,合理工作制度是指在目前的静压下,油井以多大的流压和产量进行工作,这几个参数要规定在合理的水平上,油井的合理工作制度是根据不同的开发条件来确定的,注水开发的油田、油井的合理工作制度应当是:

(1)保证较高的采油速度

油井的开采速度是指油井年采油量与地质储量的比值。在稳定生产的情况下,油井的采油速度按以下公式计算:

采油速度 = 日产油量 × 350 ÷ 地质储量 × 100%

式中,350 是一年中除了测压、维修外的日常生产天数,与油田生产管理水平有关。

采油速度是衡量油井开采速度的重要指标。为了满足国家的需要,应当在合理开发油田的前提下,尽可能地提高采油速度,各油田具体条件不同,所规定的采油速度也不一样。

(2)要保持注、采压力平衡,使油井有旺盛的自喷能力。

(3)要保持采油指数稳定,不断改善油层的流动系数,这是使原油产量保持在一定水平上的重要条件。

(4)合理生产压差应保证水线均匀推进,无水采油期长,见水后含水上升速度慢。

(5)合理生产压差的选择,应能充分利用地层能量又不破坏油层结构。压差过大,井底附近流速增加,过分的冲刷油层会使油层坍塌。根据油层具体情况,应规定原油含砂量不超过一定的百分数值。

(6)对于饱和压力较高的油田,应使流饱压差控制合理,此数字应在具体条件下确定。

考虑了上述各种要求所确定的工作制度,认为是合理的。但是,"合理"是相对的,工作制度应随着生产情况的变化和技术的发展而改变,应以充分发挥拌油层潜量为前提。

在非注水开发或注水后见效不大,边水又不活跃的油区,油井基本上靠气体等天然能量生产。或者虽已注水,但地层饱压差小,这种油井的合理工作制度应根据试井及采油资料来定。原则是以合理利用地层能量，保持生产稳定为准。自喷井的试井有稳定试井和不稳定试井两种。不稳定试井是以测压力恢复速度为基础；稳定试井是确定合理工作制度的试井方法。稳定试井一般是连续换 3 ~ 4 个相邻油嘴，每换一次油嘴，等油井生产稳定后（产量、压力等参数不随时间变化，或变化范围很小，< 10%）取得各项资料。横轴是油嘴直径，纵轴是流压、产量、油气比、含砂等，每一个油嘴都对应着一组参数。

根据各参数随油嘴直径不同的变化关系来看，可选产量较高，油气比较低，井底流压较为合适（要考虑流饱压差等），含水、含砂较少，能够稳定喷油，而生产情况没有太大波动的油嘴作为生产油嘴。例如 6mm 油嘴生产的条件比较合理，这是由于油产量较高，而油气比不算太高。而 7mm 油嘴的含砂量过大。

根据上述原则确定的合理工作制度，在必要时应适当调整，如注采不平衡需要改变采油速度时，油井进行措施（修井、增产等）后，含水、含砂上升过快，或者油井需要改变采油方法等。

（二）自喷井的分层开采

在多油层的条件下，只是用井口一个油嘴控制全井的生产，对各小层来说，是做不到合理生产的。要对各小层分别加以控制，这就是分层开采。

油井分层开采，水井分层配注，是为了在开发好高渗透层的同时，充分发挥中低渗透层的生产能力，调整层间矛盾，在一定的采油速度下使油田长期稳定自喷高产，分层开采可分为单管分采与多管分采两种井下管柱结构。

单管分采：在井内只下一套油管柱，用单管多级封隔器将各个油层分隔开来，在油管上与各油层对应的部位装一个配产器，并在配产器内装一个油嘴对各层进行控制采油。

多管分采：在井内下人多套管柱，用封隔器将各个油层分隔开来，通过每一套管柱和井口油嘴单独实现一个油层（或一个层段）的控制采油。

单管分采与多管分采相比有如下优缺点：

（1）多管分采要求钻井技术高（特别是在方向井上）和钻井费用较大。

（2）单管分采钢材消耗较少，分隔油层数目较多；多管分采钢材消耗较多，并且因受井眼直径的限制，下入管柱的数目有限，因此分隔油层数目较少。

（3）单管分采，全井各个层段的液流通过各层的井下油嘴后混合在一起共用一个通道，因此油层压力小的层段有可能受到干扰。多管分采，每个层段都有自己单独的液流通道和井口油嘴，因此，各层之间没有干扰。

如上所述，单管分采与多管分采各有优缺点。根据我国具体情况，目前各油田主要发展单管分采。对层间干扰比较严重以及一些特殊的油井和油层也采用双管或三管分采。

大庆油田广大职工，为开发好多油层非均质大油田，经过反复实践，创造了以单管分层注水为中心实现"六分四清"的一整套油田开采工艺和技术，为提高我国油田开发科学技术水平做出了重要贡献。

"六分四清"的具体内容是：六分，分层注水、分层采油、分层测试、分层研究、分层管理、分层改造。四清：分层采油量清、分层注水量清，分层压力清、分层出水量活。

六分四清的实质是：分别在注水井和采油井按照井下各个层段性质上的差异；将各个层段隔开，进行分层定量控制注水和分层定量控制采油。在这个基础上，进行分层研究，做到分层管理。

单管分采的井下设备，是以封隔器为中心的主要由封隔器、配产器和用油管连接起来的管柱结构。

目前各油田对封隔器和配产器的设计和使用的种类繁多，现就它们的作用与对它们的要求简述如下。

封隔器：封隔油、套管环形空间，从而将各油层分隔成互不干扰的独立系统，因此，要求封得严，工作可靠，取出、下入方便；并能耐高温、高压、抗油和抗腐蚀性能好。

配产器：①通过在配产器内装的油嘴，将所对应的油层控制合适的生产压差，实现按各层段定量采油。②提供油流通道。除了给对应层段的油流提供通道外，还要为以下各层的油流、层段的测试仪表和工具提供通道。单管分采管柱，除要求完成分层控制、定量采油以外，还要便于分层测试和井下分层作业。

完成控制各开采层段的合理生产压差，靠所对应的配产器内装的井下油嘴。目前选择分层井下油嘴的方法有两种。

（1）经验法（或称试配法）

根据分层配产量和油层的实际情况，换几次井下油嘴，进行调试，直至达到配产要求为止。这种方法简单，但有时准确性差，用时较长。

（2）计算法

先测出各层段的指示曲线；根据分层配产量的要求，分别在各分层指示曲线中查出相应的流压；把各层段中最小的配产流压作为基础流压（全井的生产流压）算出各层段的配产流压与基础流压的差值（各层段的嘴损）并开平方，根据各层段嘴损的平方根值和配产量，从嘴损曲线上分别查出各层段的井下油嘴尺寸。

有井下油嘴的油井，井口油嘴要适当增大 1mm，实际工作中应根据全井生产情况而定。

三、气举采油原理

当地层供给的能量不足以把原油从井底举升到地面时，油井就停止自喷。为了使油井继续出油，人为地把气体（天然气或空气）压入井底，使原油喷出地面，这种采油方法称为气举采油法。气举是利用从地面注入高压气体将井内原油举升至地面的一种人工举升方式。气举井的井筒流动与自喷井相同，但用于举升原油的气体主要来自地面的高压气。

美国在有天然气源（高压气井气或伴生气）的情况下，特别是在海上油田，优先采用气举采油法。原则上都是利用天然气，其中大部分是用伴生气增压后气举，少部分是用高压气井气举，很少采用压缩空气举。

气举采油是机械采油法中对油井生产条件适应性较强的一种，常用于高产量的深井和含砂量小、含水低、气油比高和含有腐蚀性成分低的油井。气举采油时必须有足够的气源，一般为气井和油井产出的天然气。气举采油的井口和井下设备比较简单，但由于气举需要压缩机组和地面高压气管线，地面设备系统复杂，一次性投资较大，而且系统效率较低，特别是受到气源的限制，一般油田很少采用。随着气举技术及有关配套工艺的完善，在高气油比油藏的开发中气举方式已被广泛应用，特别是对高气油比及高产量的深井、海上油井、水平井、定向井、丛式井，因此气举方式具有广泛的应用前景。

（一）气举采油原理

气举采油是依靠从地面注入井内的高压气体与油层产出流体在井筒中混合，利用气体的膨胀使井筒中的混合液密度降低，将流入井内的原油举升到地面的一种采油方式。

气举按注气方式可分为连续气举和间歇气举。所谓连续气举就是将高压气体连续地注入井内，排出井筒中液体的一种举升方式。连续气举适应于供液能力较好、产量较高的油井。间歇气举就是向井筒周期性地注入气体，推动停注期间在井筒内聚集的油层流体段塞升至地面从而排出井中液体的一种举升方式。间歇气举主要用于油层供给能力差、产量低的油井。

气举井与自喷井有许多相似之处，气举井主要依靠外来高压气体的能景，而自喷井主要依靠油层本身的能量。为了获得最大的油管工作效率，应当将油管下到油层中部，这样可使油管在最大的沉没度下工作，即使将采油层压力下降，也能使气体保持较高的举油效率。

（二）气举启动

在中深油井，特别是深井和超深油井中，如果油管下入较深，则地面供给气体的压缩机将需要足够的压力，才能将气体注入环空的预定深度，使油井投入正常工作。当油井停产时，井筒中的积液将不断增加，油管及套管内的液面在同一位置，当启动压缩机向油套环形空间注入高压气体时，环空液面将被挤压下降，如不考虑液体被挤入地层，环空中的液体将全部进入油管，油管内液面上升。随着压缩机压力的不断提高，环形空间内的液面最终将到达管鞋（注气点）处，此时，井口注入压力达到的最高值称为启动压力。当高压气体进入油管后，由于油管内混合液密度降低，液面不断升高，液流喷出地面，井底流压随着高压气体的进一步注入，也将不断降低，最后达到一个协调稳定状态。

如果压缩机的最大额定压力小于启动压力，则气体将无法举出井筒中的液体。启动压力与油管下入的深度、油管及套管直径以及静液面的深度有关。当静液面深度一定时，降低油管下入深度,可降低启动压力,但随着静液面的下降,油井将无法正常生产,所以,计算启动压力时,必须考虑两种情况。

第一种情况:环空液面降低到管鞋时间,液体并未从井口溢出,启动压力与油管液柱相平衡。

第二种情况:静液面接近井口,环形空间的液面还没有被挤到油管鞋时,油管内的液面已达到井口,液体中途溢出井口。此时,启动压力就等于油管中的液柱压力。

当油层的渗透性较好,且被液体挤压的液面下降缓慢时,从环形空间挤出的液体有部分被油层吸收。在极端情况下,液体全部被油层吸散。当高压气体到达油管鞋时,油管中的液面几乎没有升高。在这种情况下,启动压力由油管中静液面下的沉没深度确定。

（三）气举阀

1.举阀工作原理

气举生产过程中,启动压力较高,要求压缩机额定输出压力较大,但由于气举系统在正常生产时,其工作压力比启动压力小得多,这就势必造成压缩机功率的浪费,增加投入成本。为了降低压缩机的启动压力与工作压力之差,必须降低启动压力。假设在油管不同深度装上阀孔,当注入高压气体时,气体从阀孔进入油管,降低阀孔上部油管的混合液密度,从而排出上部油管液体。当油管内的压力下降到某一界限的时候,阀孔关闭,高压气体又推动环空液面下行,到第二个阀孔。依此类推,从而排出井筒中的积液,使油井正常工作。这个智能阀就是所谓的气举阀,其作用就是降低启动压力和排出油套环形空间中的液体。气举阀在气井生产系统中直接关系到气举井能否正常生产。气举阀按安装方式分为绳索投入式和固定式。按使阀保持打开或关闭的加压元件分为封包充气阀、弹簧加压阀及充气室和弹簧联合加压的双元件阀。按井下阀对套压和油压的敏感程度又分为套压控制阀与油压控制阀。下面对常用的几种阀做简要介绍。

套压控制阀也称套管压力操作阀或气压控制阀,当其关闭时,有 50%～100% 对套压敏感,而打开状态时则 100% 对套压敏感,打开或关闭阀,必须提高或降低套压。液压控制阀也称油管压力操作阀或液压控制阀,在关闭状态时,有 50%～100% 对油压敏感,打开状态时 100% 对油压敏感,打开或关闭阀则要相应地提高或降低油压。气举阀实质上是一种用于井下的压力调节器。

2.几种常用的气举阀介绍

（1）套管压力操作阀

套管压力操作阀是封包式阀中的一种。

（2）双元件套压操作阀

带有气室及弹簧加压的双元件套压操作阀。它与前面所介绍的套压操作阀不同的只是增加了一个加压弹簧,保持阀关闭的力是由弹簧和气室压力联合提供的。它可用较低的气室压力达到与元件阀相同的关闭压力也可不用充气,而完全用弹簧来提供关闭力。

另外,常用的还有液体操作阀、弹簧阀等,可在其他文献上查阅。

第二节　抽油技术

在油田开发过程中,油田由于地层能量逐渐下降,到一定时期地层能量就不能使油井保持自喷,有些油田则因为原始地层能量低或油稠一开始就不能自喷。油井不能保持自喷时,或虽能自喷但产量过低时,就必须借助机械的能量采油。

一、抽油装置及泵的工作原理

(一)抽油装置

抽油装置是指由抽油机、抽油杆及抽油泵所组成的抽油系统。

1. 抽油机

抽油机是有杆深井泵采油的主要地面设备,游梁式抽油机主要由游梁—连杆—曲柄机构、减速箱、动力设备和辅助装置等四大部分组成。工作时,动力机将高速旋转运动通过皮带和减速箱传给曲柄轴,带动曲柄作低速旋转,曲柄通过连杆经横梁带动游梁作上下摆动,挂在驴头上的悬绳器便带动抽油杆柱作往复运动。

游梁式抽油机按结构可分为:普通式和前置式。两者的主要组成部分相同,只是游梁和连杆的连接位置不同。普通式多采用机械平衡,支架在驴头和曲柄连杆之间,其上、下冲程的时间相等。前置式多采用气动平衡,且多为重型长冲程抽油机。前置式的上冲程曲柄转角为195°,下冲程为165°,使上冲程较下冲程慢。这种抽油机的曲柄旋转方向与普通型相反,当驴头在右侧时间,曲柄顺时针转动。

为了节能和加大冲程,又出现了多种变形的游梁式抽油机,如异相型游梁式抽油机。异相型游梁式抽油机又称曲柄偏S式游梁抽油机,其平衡重中心线与曲柄中心线有一相位角,使峰值扭矩降低,上冲程较下冲程慢。当驴头在右侧时,曲柄顺时针转动。

2. 抽油泵

抽油泵是抽油的井下设备。它所抽汲的液体中含有砂、蜡、气、水及腐蚀性物质,又在数百米到上千米的井下工作,有些油井的泵内压力会高达90 MPa以上。所以,它的工作环境复杂,条件恶劣,而泵工作的好坏又直接影响到油井产量。因此,抽油泵一般应满足下列要求:

(1)结构简单,强度高,质量好,连接部分密封可靠。

(2)制造材料耐磨和抗腐蚀性好,使用寿命长。

(3)规格类型能满足油井排液量的需要,适应性强。

(4)便于起下。

（5）在结构上应考虑防砂、防气，并带有必要的辅助设备。

抽油泵主要由工作筒（外筒和衬套）、柱塞及游动阀（排出阀）和固定阀（吸入阀）组成。按照抽油泵在油管中的固定方式，抽油泵可分为管式泵和杆式泵。

1）管式泵

普通管式泵的结构特点是把外筒和衬套在地面组装好并接在油管下部先下人井内，然后投入固定阀，最后把柱塞接在抽油杆柱下端下入泵内。检泵打捞固定阀时，通常采用两种方式：一种是在起抽油杆柱时利用柱塞下端的卡扣或丝扣将固定阀捞出；另一种是柱塞下部无打捞装置，在起出抽油杆柱和柱塞后，用绞车、钢丝绳下入专门的打捞工具将固定阀捞出。目前，大多数用管式泵的抽油井是在起抽油杆及柱塞时打开装在油管下部的井下泄油器，而不用打捞固定阀。

管式泵的结构简单、成本低，在相同油管直径下允许下入的泵径较杆式泵大，因而排量大。但检泵时必须起出油管，修井工作量大，故适用于下泵深度不很大、前景较好的油井。

2）杆式泵

普通杆式泵的结构特点是将整个泵在地面组装好并接在抽油杆柱的下端，整体通过油管下入井内，然后由预先装在油管预定深度（下泵深度）上的卡簧固定在油管上，检泵时不需要起油管。所以，杆式泵检泵方便，但结构复杂，制造成本高，在相同油管直径下允许下入的泵径比管式泵小。杆式泵适用于下泵深度大、产量较小的油井。当前，国内使用的是带环状槽的金属柱塞。金属柱塞及衬套的加工要求高，制造不方便，且易磨损。

为了便于加工和保证质量，衬套分段做（每段长 300 cm 或 150 cm），然后组装在泵筒内，但使用时易发生衬套错位。为此，我国同时使用整筒泵，整筒泵没有衬套，柱塞与泵筒直接配合。近些年来随着新型密封材料的出现，国内外都在研制密封性能好、抗油耐磨的软柱塞（如橡胶皮碗、聚酰胺 68 及尼龙 1010 等材料做的"皮碗"），可以不用衬套，即软柱塞无衬套泵。这种泵的泵筒和柱塞的机加工要求低，易制造，皮碗磨损后，只需起出柱塞更换皮碗，而柱塞体仍可继续使用；主要问题是选择适合油井条件的抗油、耐磨、耐温、密封性能好的皮碗材料和设计合理的"皮碗"结构。

（二）泵的抽汲过程

1. 上冲程

抽油杆柱带着柱塞向上运动。活塞上的游动阀受管内液柱压力而关闭。此时，泵内（柱塞下面的）压力降低，固定阀在环形空间液柱压力（沉没压力）与泵内压力之差的作用下被打开。如果油管内已充满液体，在井口将排出相当于柱塞冲程长度的一段液体。

所以，上冲程是泵内吸入液体、井口排出液体的过程。造成泵吸入的条件是泵内压力（吸入压力）低于沉没压力。

2. 下冲程

抽油杆柱带着柱塞向下运动。固定阀一开始就关闭，泵内压力增高到大于柱塞以上液柱压力时，游动阀被顶开，柱塞下部的液体通过游动阀进入柱塞上部，使泵排出液体。由于有相当于冲程长度的一段光杆从井外进入油管，所以将排挤出相当于这段光杆体积的液体。

所以，下冲程是泵向油管内排液的过程。造成泵排出液体的条件是泵内压力（排出压力）高于柱塞以上的液柱压力。

柱塞上下抽汲一次为一个冲程，在一个冲程内完成进油与排油过程。光杆从上死点（驴头运行坂高点）到下死点（驴头运行最低点）的距离称为光杆冲程长度，简称光杆冲程，

二、抽油机悬点运动规律及悬点载荷

（一）简化为简谐运动时的悬点运动规律

掌握抽油机悬点的位移、速度和加速度的变化规律是研究抽油装置动力学，进行抽油设计和分析其工作状况的基础，为了正确使用抽油装置，首先必须了解其运动规律。

游梁式抽油机是以游梁支点和曲柄轴中心的连线做固定杆，以曲柄、连杆和游梁后臂为三个活动杆所构成的四连杆机构。为了便于一般分析，可简化为简谐运动和曲柄滑块机构运动两种形式，并分别进行研究。

若 $r/l \approx 0$ 及 $r/b \approx 0$，即认为曲柄半径 r 比连杆长度和游梁后臂 b 小很多，以至它与 l 和 b 的比值可以忽略。此时，游梁和连杆的连接点 B 的运动可看作简谐运动，即认为 B 点的运动规律和 D 点做圆周运动时在垂直中心线上的投影（C 点）的运动规律相同。则 B 点经过 t 时间（曲柄转过 φ 角）后的位移 s_B 为

$$s_B = r(1 - \cos\varphi) = r(1 - \cos\omega t)$$

式中，φ 为曲柄转角，rad；ω 为曲柄角速度，rad/s；t 为时间，s。

以下死点为坐标零点，向上为坐标正方向，则悬点 A 的位移 s_A 为

$$s_A = \frac{a}{b} s_B = \frac{a}{b} r(1 - \cos\omega t)$$

A 点的速度为

$$v_A = \frac{ds_A}{dt} = \frac{a}{b}\omega t * \sin\omega t$$

A 点的加速度为

$$a_A = \frac{dv_A}{dt} = \frac{a}{b}\omega^2 r \cos\omega t$$

（二）抽油机悬点载荷

1.悬点所承受的载荷

1）静载荷

（1）抽油杆柱载荷

驴头作上下运动时，带着抽油杆柱作往复运动，所以，抽油杆柱重力始终作用在驴头上。但在下冲程中，游动阀打开后，油管内液体的浮力作用在抽油杆柱上，所以，应减去液体的浮力后，才是作用在悬点上的抽油杆柱的重力。而在上冲程中，游动阀关闭，抽油杆柱不受管内液体浮力的作用，所以上冲程中作用在悬点上的抽油杆柱载荷为杆柱在空气中的重力。

（2）沉没压力（泵口压力）对悬点载荷的影响

上冲程中，在沉没压力作用下，井内液体克服泵的入口设备的阻力进入泵内，此时液流所具有的压力叫吸入压力。

（3）井口回压对悬点载荷的影响

液流在地面管线中的流动阻力所造成的井口回压对悬点将产生附加的载荷。其性质与油管内液体产生的载荷相同。上冲程中增加悬点载荷，下冲程中减小抽油杆柱载荷。

由于沉没压力和井口回压在上冲程中造成的悬点载荷方向相反，可以相互抵消一部分，所以，在一般近似计算中可以忽略这两项。

2）动载荷

（1）惯性载荷

抽油机运转时，驴头带着抽油杆柱和液柱做变速运动，因而产生抽油杆柱和液柱的惯性力。如果忽略抽油杆柱和液柱的弹性影响，则可以认为抽油杆柱和液柱各点的运动规律和悬点完全一致。所以，产生的惯性力除与抽油杆柱和液柱的质量有关外，还与悬点加速度的大小成正比，其方向与加速度方向相反。

悬点加速度在上、下冲程中，大小和方向是变化的。因而，作用在悬点上的惯性载荷的大小和方向也将随悬点加速度的变化而变化。因假定向上作为坐标的正方向，所以加速度为正时，加速度方向向上；加速度为负时，加速度方向向下。上冲程中，前半冲程加速度为正，即加速度向上，则惯性力向下，从而增加悬点载荷；后半冲程中加速度为负，即加速度向下，则惯性力向上，从而减小悬点载荷。在下冲程中，情况刚好相反：前半冲程惯性力向上，减小悬点载荷；后半冲程惯性力向下，增大悬点载荷。

实际上由于受抽油杆柱和液柱的弹性影响，抽油杆柱和液柱各点的运动与悬点的运动并不一致。所以，上述按 A 点最大加速度计算的惯性载荷将大于实际数值。在液柱中含气比较大和冲数比较小的情况下，计算悬点最大载荷时，可忽略液柱引起的惯性载荷。

（2）振动载荷

抽油杆柱本身为一弹性体，由于抽油杆柱作变速运动和液柱载荷周期性地作用于抽油杆柱，从而引起抽油杆柱的弹性振动，它所产生的振动载荷亦作用于悬点上，其数值与抽油杆柱的长度、载荷变化周期及抽油机结构有关。

3）摩擦载荷

抽油井工作时，作用在悬点上的摩擦载荷受以下五部分的影响：

（1）抽油杆柱与油管的摩擦力。在直井内通常不超过抽油杆重量的1.5%。

（2）柱塞与衬套之间的摩擦力。当泵径不超过70mm时,其值小于1 717N。

（3）液柱与抽油杆柱之间的摩擦力。除与抽油杆柱的长度和运动速度有关外,主要取决于液体的黏度。

（4）液柱与油管之间的摩擦力。除与液流速度有关外,主要取决于液体的黏度。

（5）液体通过游动阀的摩擦力。除与阀结构有关外,主要取决于液体黏度和液流速度。

上冲程中作用在悬点上的摩擦载荷是受（1）（2）及（4）三项影响,其方向向下,故增加悬点载荷,下冲程中作用在悬点上的摩擦载荷是受（1）（2）、（3）及（5）四项影响,其方向向上,故减小悬点载荷。

在直井中,无论稠油还是稀油,油管与抽油杆柱、柱塞与衬套之间的摩擦力数值都不大,均可忽略。但在稠油井内,液体摩擦所引起的摩擦载荷则是不可忽略的。

4）抽油过程中产生的其他载荷

一般情况下,抽油杆柱载荷、作用在柱塞上的液柱载荷及惯性载荷是构成悬点载荷的三项基本载荷,在稠油井内的摩擦载荷及大沉没度井中的沉没力对载荷的影响也是不可忽略的。

除上述各种载荷外,在抽油过程中尚有其他一些载荷,如在低沉没度井内,由于泵的充满程度差,会发生柱塞与泵内液面的撞击,产生较大冲击载荷,从而影响悬点载荷。各种原因产生的撞击,虽然可能会造成很大的悬点载荷,是抽油中不利因素,但在设计计算时尚无法预计,故在计算悬点载荷时都不考虑。

2. 悬点最大和最小载荷

1）计算悬点最大和最小载荷的一般公式

根据前面对悬点所承受的各种载荷的分析,抽油机工作时,上、下冲程中悬点载荷的组成是不同的,最大载荷发生在上冲程中,最小载荷发生在下冲程中,其值分别如下:

$$W_{max} = W_r + W_1 + I_u + W_{hu} + F_u + W_v - W_i$$
$$W_{min} = W_x' + I_d - W_{hd} - F_d - W_v$$

式中,W_{max},W_{min} 为悬点最大和最小载荷;W_r,W_r' 为上、下冲程中作用在悬点上的抽油杆柱载荷;I_u,I_d 为上、下冲程中作用在悬点上的惯性载荷;W_{hu},W_{bd} 为上、下冲程中井口回压造成的悬点载荷;F_u,F_d 为上、下冲程中的最大摩擦载荷;W_v 为振动载荷;W_i 为上冲程中吸入压力作用在活塞上产生的载荷。

如前所述,在下泵深度及沉没度不很大、井口回压及冲数不甚高的稀油直井内,在计算最大和最小载荷时,通常可以忽略 W_v,F_u,F_d,W_i 及液柱惯性载荷。此时,可得

$$W_{max} = W_r + W_1 + I_{ru} = \left[q_r L + (f_p - f_r) L_{\rho_l} \right] g + \frac{W_s s n^2}{1790} \left(1 + \frac{r}{l} \right)$$

展开上式,并令

$$W_r' = \left(q_r L - f_r L_{\rho_1} \right) g$$

$$W_1' = f_p L \rho_1 g$$

则

$$W_{max} = W_r + W_1 + \frac{W_r s n^2}{1790}\left(1 + \frac{r}{l}\right) = W_r' + W_1' + \frac{W_r s n^2}{1790}\left(1 + \frac{r}{l}\right)$$

如果取 r/l=1/4,则

$$W_{max} = W_r' + W_1' + \frac{W_r s n^2}{1440}$$

根据上述公式可得

$$W_{min} = W_r' + I_{rd} = q_x' L g - \frac{W_r s n^2}{1790}\left(1 - \frac{r}{l}\right)$$

2）考虑抽油杆柱弹性时悬点最大载荷的计算

前面在考虑抽油杆柱的动载荷时,把它当作刚体来计算其惯性力,忽略了抽油杆柱的弹性。实际上,抽油杆柱是弹性体,在抽油过程中必然会发生不同程度的弹性振动。下面介绍考虑抽油杆柱弹性时计算其动载荷的一种简化的理论方法。

抽油机从上冲程开始到液柱载荷加载完毕(所谓"初变形期")之后,抽油杆柱带着活塞随悬点做变速运动。在此过程中,除了液柱和抽油杆柱产生的静载荷之外,还会在抽油杆柱上引起动载荷。这种动载荷可以认为由两部分组成:初变形期末由抽油杆柱运动引起的自由纵振产生的振动载荷和抽油杆柱做变速运动所产生的惯性载荷。由于抽汲液体一般都具有较大的弹性,而且液柱质贷并没有集中作用在柱塞上;另外,根据实测井下泵的示功图及利用实测光杆载荷由计算机计算得到的井下泵的示功图表明:除大泵、高含水、浅井外,液柱一般都不会在柱塞上(抽油杆下端)产生明显的动载荷。因此,下面讨论中忽略了液柱对抽油杆柱动载荷的影响。

（1）抽油杆柱自由纵振产生的振动载荷

在初变形期末激发的抽油杆柱的纵向振动可用下面的微分方程来描述

$$\frac{\partial^2 u}{\partial t^2} = a^2 \frac{\partial^2 u}{\partial x^2}$$

式中,u 为抽油杆柱任一截面的弹性位移(方向向上);x 为自悬点到抽油杆柱任意截面的距离(方向向下);a 为弹性波在抽油杆柱中的传播速度,等于抽油杆中的声速;t 为从初变形期算起的时间。

如果坐标原点选在悬点上,该问题便成为求解一端固定、一端自由的细长杆的自由纵振问题。

初始条件

$$u\big|_{t=0} = 0 \quad \frac{\partial u}{\partial t}\bigg|_{t=0} = -v\frac{x}{L}$$

边界条件

$$u\big|_{x\approx0} = 0 \qquad \frac{\partial u}{\partial t}\bigg|_{x=L} = 0$$

式中，v 为初变形期末抽油杆柱下端（柱塞）对悬点的相对运动速度（油管下端固定时，为初变形期末的悬点运动速度）；L 为抽油杆柱的长度。

用分离变量法在上述初始和边界条件下获得方程的解为

$$u(x,t) = \frac{-8v}{\omega_0\pi^2}\sum_{n=0}^{\infty}\frac{(-1)^n}{(2n+1)^n}\sin\big[(2n+1)\omega_0 t\big]\sin\left(\frac{2n+1}{2}\frac{\pi x}{L}\right)$$

式中，ω 为自由振动的圆频率，$\omega_0 = \pi a/2L$。

抽油杆柱的自由纵振在悬点上引起的振动载荷 F_v，为

$$F_v = -Ef_r\frac{\partial u}{\partial x}\bigg|_{x=0} = \frac{8Ef_r v}{\pi a}\sum_{n=0}^{\infty}\frac{(-1)^n}{(2n+1)^n}\sin\big[(2n+1)\omega_0 t\big]$$

式中，为抽油杆截面积；E 为钢的弹性模量。

（2）抽油杆柱的惯性载荷

初变形期之后抽油杆柱随悬点做变速运动，必然会由于强迫运动而在抽油杆柱内产生附加的动载荷。为了使问题简化，把强迫运动产生的动载荷只考虑为抽油杆柱随悬点做加速运动而产生的惯性载荷。惯性载荷的大小取决于抽油杆柱的质量、悬点加速度及其在杆柱上的分布情况。悬点加速度的变化取决于抽油机的几何结构。实际抽油机的悬点运动规律接近于简谐运动，一般国产抽油机上、下冲程悬点运动不对称，而上冲程较接近于简谐运动。因此，可近似地把悬点运动看为简谐运动。这样，就可根据下面介绍的方法来确定抽油杆柱的惯性载荷简化为简谐运动时，悬点加速度为

$$a_0 = \frac{s}{2}\omega_0\cos\omega t$$

式中，a_0 为悬点加速度；s 为冲程；ω 为曲柄角速度；t' 为从上冲程开始算起的时间。

抽油杆柱距悬点 x 处的加速度 a_0 为

$$a_x = \frac{s}{2}\omega^2\cos\omega\left(t' - \frac{x}{a}\right)$$

式中，a 为应力波在抽油杆柱中的传播速度。

在 x 处单元体上的惯性力 $\mathrm{d}F_i$ 为

$$\mathrm{d}F_i = \frac{q_r}{2}s\omega^2\cos\omega\left(t' - \frac{x}{a}\right)\mathrm{d}x$$

式中，q_r 为单位长度抽油杆柱的质量，kg/m。

对上式进行积分就可得任一时间作用在整个抽油杆柱工上的总惯性力 F_i：

$$F_i = \int_0^L\frac{q_r s\omega^2}{2}\cos\omega\left(t' - \frac{x}{a}\right)dx = \frac{Ef_r}{a}\frac{s}{2}\omega\left[\sin\omega t' - \sin\omega\left(t' - \frac{x}{a}\right)\right]$$

由上式可以看出：抽油杆柱的惯性力并不正比于加速度的瞬时值，而是正比于在 L/a 期间悬点速度的增量。当 $\omega t' < \left(\dfrac{\pi}{2} + \dfrac{\omega L}{2a}\right)$ 时，抽油杆柱的惯性力随 t' 而减小；当

$\omega t' = \left(\dfrac{\pi}{2} + \dfrac{\omega L}{2a}\right)$ 抽油杆柱的惯性力等于零;当 $\omega t' > \left(\dfrac{\pi}{2} + \dfrac{\omega L}{2a}\right)$ 时,惯性力改变方向,其绝对值随 t' 增大。

3)计算悬点最大载荷的其他公式

抽油杆在井下工作时,受力情况是相当复杂的,所有用来计算悬点最大载荷的公式都只能得到近似的结果。现将国内外所用的一些比较简便的公式列在下面,供计算时参考:

公式 Ⅰ

$$W_{\max} = \left(W_t + W_1'\right)\left(1 + \frac{sn}{137}\right)$$

公式 Ⅱ

$$W_{\max} = \left(W_x + W_1'\right)\left(1 + \frac{sn^2}{1790}\right)$$

公式 Ⅲ

$$W_{\max} = W_1' + W_r\left[b + \frac{sn^2}{1790}\left(1 + \frac{r}{l}\right)\right]$$

公式 Ⅳ

$$W_{\max} = W_1 + W_r\left(1 + \frac{sn^2}{1790}\right)$$

公式 Ⅴ

$$W_{\max} = \left(W_r + W_1\right)\left(1 + \frac{sn^2}{1790}\right)$$

公式 Ⅰ 可用于一般井深及低冲数油井。

公式 Ⅱ、Ⅳ 和 Ⅴ 都是把悬点运动简化为简谐运动,取 $r/l = 0$。公式 Ⅳ 只考虑了抽油杆柱产生的惯性载荷,公式 Ⅱ 和 Ⅴ 同时考虑了抽油杆柱和液柱的惯性载荷。考虑到摩擦力的影响,在公式 Ⅱ 和 Ⅰ 中的液柱载荷采用 W_1'(作用在柱塞整个截面积上的液柱载荷),而公式 Ⅴ 中采用 W_1(作用在柱塞环形面积 $f_p - f_r$ 上的液柱载荷)。所以,公式 Ⅴ 的计算结果较公式 Ⅱ 小。最终应根据本油田的具体情况,通过与实测结果的对比来选用公式。

三、泵效

在抽油井生产过程中,实际产量 Q 一般都比理论产量 Q 要低,两者的比值叫泵效,用 η 表示,即

$$\eta = Q/Q_t$$

在正常情况下,若泵效为 0.6 ~ 0.7,就认为泵的工作状况是良好的。有些带喷井的泵效可能接近或大于 1。矿场实践表明,平均泵效大都低于 0.7,甚至有的油井泵效低于 0.3。影响泵效的因素很多,但从深井泵工作的三个基本环节(柱塞让出体积,液体进泵,液体

从泵内排出)来看,可归结为以下三个方面:

(1)抽油杆柱和油管柱的弹性伸缩

根据深井泵的工作特点,抽油杆柱和油管柱在工作过程中因承受着交变载荷而发生弹性伸缩,使柱塞冲程小于光杆冲程,所以减小了柱塞让出的体积。

(2)气体和充不满的影响

当泵内吸入气液混合物后,气体占据了柱塞让出的部分空间,或者当泵的排量大于油层供油能力时液体来不及进入泵内,都会使进入泵内的液量减少。

(3)漏失影响

柱塞与衬套的间隙及阀和其他连接部件间的漏失都会使实际排量减少。只要保证泵的制造质量和装配质量,在下泵后一定时期内,漏失的影响是不大的。但当液体有腐蚀性或含砂时,将会由于对泵的腐蚀和磨损使漏失迅速增加。泵内结蜡和沉砂都会使阀关闭不严,甚至被卡,从而严重破坏泵的工作。在这些情况下,除改善泵的结构、提高泵的抗磨蚀性能外,主要是采取防砂及防蜡措施,以及定期检泵来维持泵的正常工作。实际产液量可写为

$$Q = 1440 \eta f_p s n$$

从上述三方面出发,泵效的一般表达式可写为

$$\eta = \eta_\lambda \cdot \beta \cdot \eta_1 \cdot \eta_B$$

式中,$\eta_\lambda = s_p / s$ 为考虑抽油杆柱和油管柱弹性伸缩后的柱塞冲程与光杆冲程之比,表示杆、管弹性伸缩对泵效的影响;$\beta = V_液 / V_活$ 为进入泵内的液体体积与柱塞让出的泵内体积之比,表示泵的充满程度;η_1 为泵漏失对泵效影响的漏失系数;$\eta_B = 1 / B_1$,由于泵效是以地面产出液的体积计算,而 η_B 则是考虑地面原油脱气引起体积收缩对泵效计算的影响;B_1 为吸入条件下被抽汲液体的体积系数。

为了对影响泵效的因素进行定量计算和分析,下面分别讨论柱塞冲程、充满系数及漏失的计算。

(一)柱塞冲程

一般情况下,柱塞冲程小于光杆冲程,它是造成泵效小于1的重要因素。抽油杆柱和油管柱的弹性伸缩愈大,柱塞冲程与光杆冲程的差别也愈大,泵效就愈低。抽油杆柱所受的载荷不同,则伸缩变形的大小不同。如前所述,抽油杆柱所承受的载荷主要有:抽油杆柱及液柱载荷(总称静载荷);抽油杆柱和液柱的惯性载荷及抽油杆柱的振动载荷(总称动载荷)。下面分别研究由这些载荷作用所引起的抽油杆柱及油管的弹性变形,以及对柱塞冲程的影响。

1.静载荷作用下的柱塞冲程

由于作用在柱塞上的液柱载荷在上、下冲程中交替地分别由油管转移到抽油杆柱和由抽油杆柱转移到油管,从而引起杆柱和管柱交替增载和减载,使杆柱和管柱交替伸长

和缩短。

2.考虑惯性载荷后柱塞冲程的计算

当悬点上升到上死点时,速度趋于零,但抽油杆柱有向下的(负的)最大加速度和向上的最大惯性载荷,使抽油杆柱减载而缩短。所以,悬点到达上死点后,抽油杆在惯性力的作用下还会带着柱塞继续上行,使柱塞比静载变形时向上多移动一段距离 λ' 。当悬点下行到下死点后,抽油杆的惯性力向下,使抽油杆柱伸长,柱塞又比静载变形时向下多移动一段距离 λ'' 。因此,与只有静载变形情况相比,惯性载荷作用使柱塞冲程增加 λ_i 。即 $=i$

$$\lambda_i = \lambda' + \lambda''$$

式中, λ_i 为惯性载荷作用使柱塞冲程增加的数值。根据虎克定律

$$\lambda' = \frac{I_{ra}L}{2f_rE} = \frac{W_r sn^2 L}{2 \times 1790 f_r E}\left(1 - \frac{r}{l}\right)$$

$$\lambda'' = \frac{I_{ru}L}{2f_rE} = \frac{W_r sn^2 L}{2 \times 1790 f_r E}\left(1 + \frac{r}{l}\right)$$

由于抽油杆柱上各点所承受的惯性力不同,计算中近似取其平均值,即取悬点惯性载荷的一半。

将 λ' 及 λ'' 代入 $\lambda_i = \lambda' + \lambda''$,得

$$\lambda_i = \frac{W_{rs}n^2 L}{1790 f_r E}$$

考虑静载荷和惯性载荷后的柱塞冲程为

$$s_p = s - \lambda + \lambda_i = s\left(1 + \frac{W_t n^2 L}{1790 f_r E}\right) - \lambda$$

上式亦可写成

$$s_p = s\left(1 + \frac{\mu^2}{2}\right) - \lambda$$

其中 $\mu = \omega L / a$

尽管惯性载荷引起的抽油杆柱的变形使柱塞冲程增大,有利于提高泵效,但增加惯性载荷会使悬点最大载荷增加,最小载荷减小,使抽油杆受力条件变坏。所以,通常并不用增加惯性载荷(快速抽汲)的办法来增加柱塞冲程。

(二)泵的充满程度

多数油田在深井泵开采期,都是在井底流压低于饱和压力下生产的,即使在高于饱和压力下生产,泵口压力也低于饱和压力。因此,在抽汲时总是气液两相同时进泵,气体进泵必然减少进入泵内的液体量而降低泵效。当气体影响严重时,可能发生"气锁",即在抽汲时由于气体在泵内压缩和膨胀,使吸入和排出阀无法打开,出现抽不出油的现象。

通常采用充满系数 β 来表示气体的影响程度

$$\beta = \frac{V_1'}{V_p}$$

式中，V_p 为上冲程活塞让出的容积；V_1' 为每冲程吸入泵内的液体体积。

充满系数 β 表示了泵在工作过程中被液体充满的程度。β 愈高，则泵效愈高。泵的充满系数与泵内气液比和泵的结构有关。

四、有杆抽油系统工况分析

油井生产分析的目的是了解油层生产能力、设备能力以及它们的工作状况，为进一步制定合理的技术措施提供依据，使设备能力与油层能力相适应，充分发挥油层潜量，并使设备在高效率下正常工作，以保证油井高产量、高泵效生产。

（一）抽油井液面测试与分析

1. 静液面、动液面及采油指数

静液面是指关井后环形空间中液面恢复到静止（与地层压力相平衡）时的液面，可以用从井口算起的深度 L_s 表示其位置；也可以用从油层中部算起用的液面高度 H_s 表示其位置。与它相对应的井底压力就是油藏压力。

动液面是指油井生产时油套环形空间的液面。可以用从井口算起的深度 L_f 表示其位置，亦可用从油层中部算起的高度 H_f 来表示其位置。与它相对应的井底压力就是流压 P_f。

静液面与动液面之差（即 $\Delta H = H_s - H_f$）相对应的压力差即为生产压差，h_s 是沉没度，它表示泵沉没在动液面以下的深度，其大小应根据气油比的高低、原油进泵所需的压头大小来定。

与自喷井不同的是抽油井一般都是通过液面的变化，来反映井底压力的变化。因此，抽油井的流动方程可表示为

$$Q = J\left(H_s - H_f\right) = J\left(L_f - L_s\right)$$

式中，Q 为油井产量，t/d；H_s，L_s 为静液面的高度及深度，m；H_f，L_f 为动液面的高度及深度，m；J 为采油指数，t/（d•m）。

由上式可得

$$J = \frac{Q}{L_f - L_s} = \frac{Q}{H_s - H_f}$$

由上式可看出，与自喷井一样，采油指数 J 也表示单位生产压差下油井的日产量，但这里是用相应的液柱来表示压差。

在测量液面时，套管压力往往并不等于零，有时在 1 MPa 以上。这样，在不同套压下测得的液面并不直接反映井底压力的高低。为了消除套管压力的影响，便于对不同资料

进行对比，我们在这里提出一个"折算液面"的概念，即把在一定套压下测得的液面折算成套管压力为零时的液面

$$L_{fe} = L_f - \frac{P_c}{\rho_0 g} \times 10^6$$

式中，L_{fe} 为折算动液面深度，m；L_f 为在套压为 A 时测得的动液面深度，m；P_c 为测液面时的套管压力，MPa；g 为重力加速度，m/s²；ρ_0 为环形空间中的原油密度，kg/m³。

对于多数井，静液面和动液面往往是在不同的套管压力下测得的。

2. 液面位置的测量

一般都是采用回声仪来测量抽油井的液面，利用声波在环形空间中的传播速度和测得的反射时间来计算其位置，即

L=vt/2

式中，L 为液面深度，m；v 为声波传播速度，m/s；t 为声波从井口到液面后再返回到井口所需要的时间，s。

1）有音标井

为了确定音速，应预先在测量井内的油管上装一音标，音标位置应在液面以上。根据已知的音标深度和测得的音标反射所需时间 t_1 就可确定声速 v。即

v=L_1/（t_1/2）

将 v 代入 L=vt/2 可得

L=L_1t/t_1

2）无音标井

有些井预先没有下音标或无法下音标，因此，就不能根据测液面的资料直接计算液面深度，在这种井内只要用计算的办法确定声波速度之后，就可以利用测得的液面反射时间计算出液面深度。

根据波动理论和声学原理，声波在气体中的传播速度为

$$v = \sqrt{\frac{KP}{\rho}}$$

式中，v 为声波速度，m/s；K 为绝热指数；ρ 为在压力 P 下的气体密度，kg/m³；P 为气体压力，Pa。

（二）抽油井工况诊断技术

1. 诊断技术的理论基础

诊断技术是把抽油杆柱作为一根井下动态的传导线。其下端的泵作为发送器，上端的动力仪作为接收器。井下泵的工作状况以应力波的形式沿抽油杆柱以声波速度传递到地面。把地面记录的资料经过数学处理，就可定量地推断泵的工作情况。应力波在抽

油杆柱中的传播过程可用带阻尼的波动方程来描述,即

$$\frac{\partial^2 U(x,t)}{\partial t^2} = a^2 \frac{\partial^2(x,t)}{\partial x^2} - c\frac{\partial U(x,t)}{\partial t}$$

式中,$U(x,t)$ 为抽油杆柱任一截面(x 处)在任意时刻 t 时的位移;a 为应力波在抽油杆柱中的传播速度 c 为阻尼系数。

以上式作为诊断技术中描述抽油杆柱动态的基本微分方程。用以截尾傅立叶级数表示的悬点动载荷函数 $D(t)$ 及光杆位移函数 $U(t)$ 作为边界条件,即

$$D(t) = \frac{\sigma_0}{2} \sum_{n=1}^{n} \left(\sigma_n \cos n\omega t + \tau_n \sin n\omega t \right)$$

$$U(t) = \frac{v_0}{2} + \sum_{n=1}^{\bar{n}} \left(v_n \cos n\omega t + \delta_n \sin n\omega t \right)$$

因为上述方程中不包含抽油过程中保持不变的重力项,所以采用从悬点总载荷减去抽油杆柱重量后得到的动载荷函数 $D(t)$ 为力的边界条件。$D(t)$ 及 $U(t)$ 的傅立叶系数 $\sigma_0, \sigma_n, \tau_n$ 及 v_0, v_n, δ_n 可分别为

$$\sigma_n = \frac{\omega}{\pi} \int_0^T D(t) \cos n\omega t \mathrm{d}t \quad (n = 0, 1, 2, \cdots, \bar{n})$$

$$\tau_n = \frac{\omega}{\pi} \int_0^T D(t) \sin nn\omega t \mathrm{d}t \quad (n = 1, 2, \cdots, \bar{n})$$

$$v_n = \frac{\omega}{\pi} \int_0^T U(t) \sin n\omega t \mathrm{d}t \quad (n = 0, 1, 2, \cdots, \bar{n})$$

$$\delta_n = \frac{\omega}{\pi} \int_0^T U(t) \sin n\omega t \mathrm{d}t \quad (n = 1, 2, \cdots, \bar{n})$$

式中,ω 为曲柄角速度;T 为抽汲周期。

实际工作中 $D(t)$ 及 $U(t)$ 是以曲线(或数值)形式给出的,所以傅立叶系数可用近似的数值积分来确定。

用分离变量法解方程,可得抽油杆柱任意深度 x 断面的位移随时间的变化关系

$$U(x,t) = \frac{\sigma_0}{2EA_r} + \frac{v_0}{2} + \sum_{n=1}^{\bar{n}} \left[O_n(x) \cos n\omega t + P_n(x) \sin n\omega t \right]$$

根据虎克定律,有

$$F(x,t) = EA_r \frac{\partial U(x,t)}{\partial x}$$

则抽油杆柱任意深度 x 断面上的动载荷函数随时间的变化为

$$F(x,f) = EA_r \left[\frac{\sigma_0}{2EA_r} + \frac{v_0}{2} + \sum_{n=1}^{\bar{n}} \left(\frac{\partial O_n(x)}{\partial x} \cos n\omega t + \frac{\partial P_n(x)}{\partial x} \sin n\omega t \right) \right]$$

在 t 时间,x 断面上的总载荷等于 $F(x,t)$ 加 x 塞断面以下的抽油杆柱的重量,即

$$O_n(x) = \left(K_n \operatorname{ch} \beta_n x + \delta_n \operatorname{sh} \beta_n x\right)\sin \alpha_n x + \left(\mu_n \operatorname{sh} \beta_n x + v_n \operatorname{ch} \beta_n x\right)\cos \alpha_n x$$

$$P_n(x) = \left(K_n \operatorname{ch} \beta_n x + \delta_n \operatorname{sh} \beta_n x\right)\cos \alpha_n x - \left(\mu_n \operatorname{ch} \beta_n x + v_n \operatorname{sh} \beta_n x\right)\sin \alpha_n x$$

$$\alpha_n = \frac{n\omega}{a\sqrt{2}}\sqrt{1 + \sqrt{1 + \left(\frac{C}{n\omega}\right)^2}}$$

$$\beta_n = \frac{n\omega}{a\sqrt{2}}\sqrt{-1 + \sqrt{1 + \left(\frac{C}{n\omega}\right)^2}}$$

$$K_n = \frac{\sigma_n \alpha_n + \tau_n \beta_n}{EA_r\left(\alpha_n^2 + \beta_n^2\right)}, \quad \mu_n = \frac{\sigma_n \beta_n - \tau_n \alpha_n}{EA_r\left(\alpha_n^2 + \beta_n^2\right)}$$

上述公式适用于单级抽油杆柱,对于多级抽油杆柱只需要做相应的扩充就可得到类似的计算式。

根据地面示功图计算井下示功图时,必须首先确定阻尼系数。抽油杆柱系统的阻尼力包括黏滞阻尼力和非黏滞阻尼力。黏滞阻尼力有抽油杆、接箍与液体之间的黏滞摩擦力,泵阀和阀座内孔的流体压力损失等;非黏滞阻尼力包括杆柱及接箍与油管之间的非黏滞性摩擦力,光杆与盘根之间的摩擦力,泵柱塞与泵筒之间的摩擦损失等。计算过程中,可用等值阻尼来代替真实阻尼。代替的条件是以系统中消除等值阻尼力时,每一个循环中的能量与消除真实阻尼时相同,从而可以推导出阻尼系数公式。计算时,可用由抽油杆柱在一个循环中由黏滞阻尼引起的摩擦功来确定的阻尼系数。即

$$C = \frac{2\pi\mu}{\rho_r A_r}\left\{\frac{1}{\ln m} + \frac{4}{B_2}(B+1)\left[B_1 + \frac{2}{\dfrac{\omega L}{a}}\frac{2}{\sin(\omega L/a)} + \cos\frac{\omega L}{a}\right]\right\}$$

其中

$$m = \frac{D_t}{D_r}$$

$$B_1 = \frac{m^2 - 1}{2\ln m} - 1$$

$$B_2 = m^4 - 1 - \frac{\left(m^2 - 1\right)^2}{\ln m}$$

式中, μ 为液体黏度,Pa·s; ρ_r 为抽油杆的密度,kg/m³; A_r 为抽油杆的截面积,m³; D_t 为油管直径,m; D_r 为抽油杆直径,m; L 为抽油杆长度,m。

2. 诊断技术的应用

1)判断泵的工作状况及计算泵的排量

把地面示功图或悬点载荷与时间的关系用计算机进行数学处理之后,由于消除了抽油杆柱的变形、杆柱的黏滞阻力、振动和惯性等的影响,将会得到形状简单而又能真实反映泵工作状况的井下示功图。

利用深井泵工作的基本概念难于做出定性分析的地面示功图，根据泵的示功图，不仅能很容易地对影响深井泵工作的各种因素做出定性分析，而且可以求得柱塞冲程和有效排出冲程，从而可以计算出泵排量及油井产量。

2）计算各级杆柱的应力和分析杆柱组合的合理性

根据抽油杆柱各级顶部断面上的示功图就可计算出该断面上的最大、最小应力，许用应力以及应力范围比，并判断抽油杆柱是否超载及杆柱组合是否合理。

3）计算和分析抽油机扭矩、平衡及功率

由悬点载荷及其在曲柄轴上造成的扭矩及悬点运动速度与悬点功率之间的关系可得

$$TF = v_0 / \omega$$

式中，TF 为扭矩因数；v_0 为悬点运动速度；ω 为曲柄角速度。

$$TF = \sum_{n=1}^{\bar{n}} (-n v_n \sin n\omega t + n\delta_a \cos n\omega t)$$

求得扭矩因数后就可绘制扭矩曲线和进行扭矩分析，并计算、分析抽油机的平衡状况和功率利用情况。

4）估算泵口压力及预测油井产量

由泵的示功图求得液体载荷后，可由下式估算泵口压力

$$P_i = (GP \cdot L + P_h) - W_f / A_p$$

式中，P_i 为泵口压力；GP 为油管内的压力梯度；L 为泵深；P_h 为井口回压；W_f 液体载荷；A_p 为柱塞截面积。

泵口压力计算的准确程度主要取决于油管内流体的平均密度。抽汲不含气或含气很少的液体时，直接用液体平均密度计算压力梯度，一般就能获得较可靠的泵口压力。对于含气较大的液体，应按计算气液两相垂直管流的方法计算混合物密度，另外，诊断的数学模型中没有考虑到井下的非黏滞性机械摩擦（如柱塞与衬套、抽油杆与油管以及井口光杆与盘根盒等的摩擦），如果根据泵的示功图确定 W_f 时，不做作当修正，那么对 P_i 的计算结果也会带来影响，特别是井斜角较大或油管发生弯曲的井。对于漏失比较严重的井，根据泵的示功图也难确定比较准确的 W_f 值。如果井下非黏滞性摩擦很大，也可以由泵的示功图上加以判断，从而可以找到 P_i 明显偏低的原因。通常直接用油管内液体密度计算压力梯度后求得的 P_i 值为其上限。油管内气量愈少，泵口压力愈接近上限值。

泵下至油层中部，则泵口压力就是井底流动压力，因此，只要知道几个工作制度下的产量及泵口压力，根据相应于油井生产条件下的油流入井计算方法，就可计算油井流入动态曲线，进而可预测新的抽汲参数下油井的产量及油井潜能。如果泵口距油层中部较远，就必须根据气液两相垂直管流计算泵口到油层中部的压力损失之后，才能得到井底流动压力。

五、无杆泵采油

无杆泵机械采油方法与有杆泵采油的主要区别是不需用抽油杆传递地面动力,而是用电缆或高压液体将地面能量传输到井下,带动井下机组把原油抽至地面。常用的无杆泵包括潜油电泵、水力活塞泵、水力射流泵和螺杆泵等。

(一)潜油电泵采油

潜油电泵(Electric Submersible Pump)全称为电动潜油离心泵,简称电泵或电潜泵。它是将电动机和多级离心泵一起下入油井液面以下进行抽油的举升设备。其主要特点是排量大、自动化程度高,目前,广泛应用于非自喷高产井、高含水井和海上油田。

潜油电泵系统主要由电机、保护器、气液分离器、多级离心泵、电缆、接线盒、控制屏和变压器等部件组成。除了上述基本部件外,潜油电泵还可选用一些附属部件,如单流阀、泄油阀、扶正器、井下压力测量仪表和变速驱动装置等。该系统的工作原理是地面电源通过变压器、控制屏和电缆将电能输送给井下电机,带动多级离心泵叶轮旋转,将电能转换为机械能,把井液举升到地面。

(二)水力活塞泵采油

水力活塞泵(Hydraulic Pump)是一种液压传动的无杆抽油设备,它是由地面动力泵将动力液增压后经油管或专用通道泵入井下,驱动马达做上下往复运动,将高压动力液传至井下驱动油缸和换向阀,来帮助井下柱塞泵抽油。水力活塞泵对高气油比、出砂、高凝油、含蜡、稠油、深井、斜井及水平井具有较强的适应性。

(三)水力射流泵采油

水力射流泵(简称射流泵 Jet Pump)是一种特殊的水力泵。它是利用射流原理将注入井内的高压动力液的能量传递给井下产液的无杆水力采油装置。射流泵采油系统与水力活塞泵采油系统的组成相似,由地面储液罐、高压地面泵和井下射流泵组成。射流泵和水力活塞泵的井下总成可互换使用。射流泵的井下装置类型与水力活塞泵一样,包括固定式装置和自由式装置,但射流泵只能采用开式动力液系统。

(四)螺杆泵采油

螺杆泵(Progressing Cavity Pump)是以液体产生的旋转位移为泵送基础的一种新型机械采油装置,它具有灵活可靠、抗磨蚀及容积效率高等特点。随着合成橡胶和黏结技术的发展,使螺杆泵采油也成为稠油出砂冷采、聚合物驱油的油田主要的人工举升方式。

第三节　注水技术

通过注水井向油层注水补充能量，保持地层压力，是目前在提高采油速度和采收率方面应用最广泛的一项重要措施。

一、水源及水处理

（一）水源选择

油田注水所要求的水源不仅量大，而且希望水源的水量和水质较为稳定。这样，在水源充足的地方，要考虑水源选择问题；水源缺乏的地方，需要寻找水源并进行选择。陆地水源包括地面的江、湖、泉水和地层水。海上包括海水和通过海底浅井抽取海水。水源选择要考虑到水质处理工艺要简便，还要满足油田注水设计的最大注水量。水源水量的估计以设计注水量为依据，如果采出的污水大部分回注的话，最终所需要的水量，大致为注水油层孔隙体积的150%～170%。

作为注水用的水源有两大类：一是淡水源，二是盐水源。

（二）水质及水处理

1. 对水质的要求

在水源确定的基础上，一般要进行水质处理。为防止设备被腐蚀及地层被堵塞，对水质提出基本要求。主要是机械杂质堵塞、电化学腐蚀及生物堵塞、细菌腐蚀及堵塞。

机械杂质的含量根据地层性质来定。国外对低渗透的孔隙性地层，含量要求小于 $0.1 \times 10^{-6} \sim 0.5 \times 10^{-6}$，高渗透层或裂缝性地层含量可达 10×10^{-6}。机械杂质颗粒大小，一般应小于岩石孔隙喉道的1/10。颗粒直径大于1/3喉道直径，对地层堵塞很快，但解决也容易，固颗粒不能进入地层深部。国外用现场注入水通过孔径为0.45 μ 的滤纸测定其半衰期（注水量降至1/2时，为半衰期），以半衰期的长短来对比水质，半衰期缩短了认为水质不合格。

地面水和海水作为油田注入水时，一般都要经过除氧、杀菌处理，否则，会带来严重的后果。如加拿大帕宾那油田由于注入水未除氧、杀菌，结果天然气中由原来基本上不含 H_2S 升高到 15×10^{-6} 的 H_2S，井下和地面设备的腐蚀都增加了。天然气已不符合销售要求。

2. 常用的水处理措施

1）沉淀

来自地面水源的水总含有一定数量的机械杂质，因此在处理上首先是沉淀。沉淀是让水在沉淀池（罐）内有一定的停留时间，使其中所悬浮的固体颗粒借助自身的重力而沉淀下来。

通常对沉淀池、罐的要求是：要有足够的沉降时间，以便使悬浮固体凝聚并沉淀下来。一般在池或罐内装有迂回挡板，利于颗粒凝聚与沉淀，为了加速水中的悬浮物和非溶性化合物的沉淀，一般在沉淀过程中加入聚凝剂。常用的聚凝剂为硫酸铝，它和碱性盐如碳酸氢钙作用则形成絮状沉淀物，其化学反应式为

$$Al_2(SO_4)_3 + 3Ca(HCO_3)_2 \rightarrow 2Al(OH)_3 + 3CaSO_4 + 6CO_2$$

聚凝剂能聚凝很细的颗粒而逐渐变大，絮状沉淀物带着浮悬物一起下沉，使得沉降速度加快。当水的 pH=5～8 时，硫酸铝【$Al_2(SO_4)$】的聚凝效果好；当 pH=8～9 时，硫酸亚铁【$FeSO_4, 7H_2O$】对形成非溶性的氢氧化铁的聚凝效果好。其他化学聚凝剂还有：硫酸铁（$Fe_2(SO_4)_3$），三氯化铁（$FeCl_3$）和偏铝酸钠（$NaAlO_2$）等，有时需要加碱（如石灰）来提高水的 pH 值，以便加速聚凝过程。由于石灰和二氧化碳、碳酸氢钙等起化学反应生成碳酸钙（$CaCO_3$），而碳酸钙可经过聚凝沉淀和过滤除去。

2）过滤

来自沉淀池的水往往还含有少量最细的悬浮物和细菌，为了除去这类物质必须进行过滤处理。即使来自无箱沉淀的地下水，一般也需要过滤。

过滤设备常用过滤池或过滤器，内装石英砂、大理石屑、无烟煤屑及硅藻土等。水从上向下经砂层、砾石支撑层，然后从池底出水管流入澄清池。

滤池的工作强度用过滤速度来表示，所谓过滤速度就是在单位时间内，从单位面积滤池通过的水量，一般用 m³/（㎡·h）或 m/h 来表示。按滤速来分，滤池可分为慢速滤池——滤速为 0.1~0.3 m/h，快速滤池速度为 15 m/h。滤池分为两种，一种是开敞式。利用滤池水与底部水管出口，或水管相连的清水池水位标高差，来进行过滤的叫作重力式滤池；另一种滤池完全密封，水在一定压力下通过滤池叫压力滤罐。

为了除去滤料层过滤的污物，要定时进行反冲洗，在反冲时滤料层要完全浮起来，而支撑介质（垫料层）则不动，一般反冲速度在 30~70 m/h 范围。

还需指出，过滤池的来水悬浮物含量应小于 50mg/L，否则应先进行沉淀。过滤后的水中杂质含量符合要求指标。

地面水中多数含有藻类、粪土、铁菌或硫酸还原菌，在注水时必须将这些物质除掉以防堵塞地层和腐蚀管柱。因此，要进行杀菌。考虑到细菌适应性强，一种杀菌剂使用一段时间后细菌会产生抗药性，因此，一般选用两种以上杀菌剂交替使用。

常用的杀菌剂有氯或其他化合物，如次氯酸、次氯酸盐及氯酸钙，甲醛既有杀菌又有防腐作用。氯气杀菌时的化学反应：

$Cl_2+H_2O \rightarrow HC_1+HOC1$

$\downarrow \rightarrow HC1+[O]$

[O] 是强氧化剂，可以杀菌。

为了使氯能有效地杀菌，氯与水接触时间应多于 30 min，氯气用量一般为 1～2mg/L。对过滤后的水或地下水一般用 0.5～1 mg/L。除了杀菌以外，根据注水要求还可加入其他化学处理剂，为了防腐可加防腐剂，为增加洗油能力可加表面活性剂，为了除去乳化油

可加破乳剂。

3）脱氧

地面水和海水由于和空气接触，总是溶有一定量的氧，有的水源水中还含有碳酸气和硫化氢气体，在一定条件下，这些气体对金属和混凝土有腐蚀性，应设法除去，至于除去碳酸气和硫化氢气体在原理上和脱氧（化学法和真空法）有相似之处。

化学除氧剂有：Na_2SO_3 和 N_2H_4 等，最常用的是亚硫酸钠（Na_2SO_3），它价格低廉处理方便，反应式为

$$2\,Na_2SO_3 + O_2 \rightarrow 2Na_2SO_4$$

每除去 1mg/L 的氧需加入 7.88 mg/L 无结晶水的亚硫酸钠，投加时可留适当余量，水温低含氧少时，上述反应慢，可加催化剂 $CoSO_4$ 促进反应。

利用天然气对水进行逆流冲刷，以除去水中的氧，也是一项有效措施。其原理是：脱氧前水表面空气压力为 100 kPa，空气中的氧约占 4/5，故氧在空气中的分压约为 20 kPa，当天然气逆流冲刷时，它冲淡了空气中的氧，从而使得水表面氧的分压降低，水中的氧便从水中分离出来，被天然气带走，随后又冲淡又带走，最后把水中的氧除掉。把 1 m³ 水中的氧气从 10 mg/L 降到 1 mg/L，大约用 0.3 m³ 的天然气，脱氧后的天然气可以回收更新并可作为燃料。

真空脱氧，其原理是用抽空设备（蒸气喷射器）把脱氧塔抽成真空，从而把塔内水中的氧气分离出来并被抽掉。通过喷嘴的高速空气在喷射器内造成低压，使塔内水中的氧分离出来被蒸气带走。为了使水中的氧气易于脱出，塔内装有许多小瓷环。

4）暴晒

当水源含有大量的过饱和碳酸盐（如重碳酸钙、重碳酸镁和重碳酸亚铁等）时，因为它们的化学性质都不稳定，当注入地层后由于温度升高可能产生碳酸盐沉淀而堵塞地层。因此需预先进行暴晒处理，这样可以使碳酸盐沉淀下来。

3. 污水处理

含油污水是油田开发过程中的"三废"之一，含有石油、脱乳剂、盐、酚等污染环境物质。随着油田开发时间的增长，产出的污水也增加，为了避免环境污染和节约水源用水，需将污水重新回注到油层。

4. 海水处理

注海水处理装置可分为净化及脱氧两大部分。

1）净化部分

目前，一般采用多级过滤净化处理，依次为：砂滤器、硅藻土滤器、金属网状筒式三级过滤器。第一级普遍采用石英砂，也有采用石榴石、活性炭、无烟煤、聚苯乙烯发泡小球作为滤料。

2）脱氧部分

可分为三种类型：真空（减压）脱氧、气提脱氧和化学脱氧。

化学脱氧具有占地面积小,处理工艺简单,投资少等优点。但由于消耗化学药剂,日常处理费用较高。

二、分层吸水能力的研究

为了满足分层采油的需要必须分层注水。在分层注水的井内,必须研究各小层的吸水能力的大小。

（一）常用指标

研究分层吸水能力,主要采用下面的几个指标:

1. 注水井指示曲线

注水指示曲线是表示在稳定流动条件下,注入压力与注水量之间的关系曲线。在分层注水情况下,小层指示曲线表示各小层注入压力（指经过水嘴后的压力）与小层注水量之间的关系。

2. 吸水指数

吸水指数是表示在单位压差下的日注入量,单位为 $m^3/(d \cdot kPa)$。即

$$吸水指数 = \frac{日注水量}{注水压差} = \frac{日注水量}{注水井流压 - 注水井静压}$$

吸水指数的大小表示这个地层的吸水能力的好坏,吸水指数大就表示吸水能力好,反之吸水能力差。油日正常生产时,不可能经常关井测注水井静压,所以采用测指示曲线的办法取得在不同流压下的注水量,吸水指数为

$$吸水指数 = \frac{两种工程制度下日注人量之差}{相应两种工作制度下流压之差}$$

在进行不同地层吸水能力对比分析时,需采用"比吸水指数"或称"每米吸水指数"为指标,它是地层吸水指数被地层有效厚度除所得的数值,单位为 $m^3/(d \cdot kPa)$,是表示一米厚地层在一个大气压的压差下的日注水量。

3. 视吸水指数

用吸水指数进行分析时,需在对注水井进行测试取得流压资料后才能进行。在日常分析中,为及时掌握吸水能力的变化情况,常采用视吸水指数为指标表示吸水能力。它是井口压力除日注水量,单位为 $m^3/(d \cdot kPa)$。即

$$视吸水指数 = 日注水量 / 井口压力$$

在没有分层注水的情况下,若采用油管注水,则上式中的井口压力取套管压力（若采用套管注水,则上式中的井口压力取油管压力）。

在注水井进行分层注水时,用分层注水量和分层注水压力所算得的吸水指数（视吸水指数）为分层吸水指数（分层视吸水指数）。分层吸水指数要通过分层测试来取得。

4. 相对吸水量

相对吸水量是指在同一注入压力下,某小层吸水量占全井吸水量的百分数。表示为

相对吸水量 = 小层吸水量 / 全井吸水量 ×%

相对吸水量是用来表示各小层相对吸水能力的指标。有了各小层的相对吸水量,就可以由全井指示曲线绘制出各小层的分层指示曲线,而不必进行分层测试。

目前,我国研究分层吸水能力的方法主要有两类,一类是测定注水井的吸水剖面,一类是在注水过程中直接进行分层测试。前者是用各层的相对吸水最来表示分层吸水能力的大小,后者是用分层测试整理分层指示曲线。并求得分层的吸水指数来表示分层吸水能力的好坏。

(二)放射性同位素测吸水剖面的方法

测吸水剖面就是在一定注入压力下测定沿井筒各射开层段吸收注入量的多少(分层的吸水量),目的是掌握各小层的吸水能力,以作为合理分层配注的依据。下面介绍我国一些油田所用的同位素悬浮液法(或称为同位素载体法)测吸水剖面的方法。

1. 原理及测量过程

将吸附有放射性同位素(如锌 Zn^{65}、银 Ag^{110} 等)离子的固相载体(如医用骨质活性炭,氢氧化锌或者二者的混合物)加入水中,调配成带放射性的活化悬浮液。将悬浮液注入井内后,利用放射性仪器在井筒内沿吸水剖面测量放射性强度。当活化悬浮液沫入井内时,与正常注水时一样,悬浮液将按井筒剖面原有各层吸水能力按比例进入各层。由于所选择的固相载体颗粒直径稍大于地层孔隙,它就被滤积在岩层表面,而清水进入深处。另外,固相载体又具有牢固的吸附性和能均匀悬浮,所以吸水量大的地层,岩层表面滤积的固相载体就多,仪器测得的放射性强度就大,反之,则小。

由于岩层本身就具有不同的自然放射性,为了能根据注入活性悬浮液后的放射强度的变化来确定分层吸水量。必须在注入活性悬浮液以前先测出岩层本身的自然伽马曲线作为基线。根据实验研究,注入活化悬浮液前后放射性强度的变化与吸水量成正比。因此,就可以根据两条曲线的对比得到的放射性强度变化来求得各小层的吸水量。

2. 分层吸水剖面的解释——确定吸水层位及相对吸水量

1)绘制迭合图

首先在透明方格纸上绘出自然伽马曲线(基线),再将放射性同位素曲线与之叠合,使两条曲线在泥岩段与不吸水井段重叠在一起,组成放射性吸水剖面图,在曲线分层段时要参考自然电位曲线。

2)确定吸水层位

根据自然伽马曲线与同位素曲线不重合部分,即曲线异常部分,可确定出吸水层位。

3)计算相对吸水量

由于对应各层的同位素曲线异常面积与各层吸水量成正比,故可用异常面积来计算分层相对吸水量,即

分层相对吸水量 = 该层异常面积 / 全井异常面积 ×%

采用同位素悬浮液法测吸水剖面时应注意以下几个问题：

（1）要选择合适的固相载体

根据测量原理，为了保证测量质量，吸附放射性离子的固相载体必须能牢固地吸附放射性离子，在整个施工过程中不产生脱附现象；能符合本地区地层特性，不被挤入地层，而能滤积在岩层表面，即颗粒直径应稍大于地层孔隙喉道直径；固相颗粒均匀，具有良好的悬浮性，以保证在注入水中均匀分布；固相载体载带放射性离子的效率要高，用量要小，使它在地层表面滤积后对地层的吸水能力影响小。根据以上要求，国内曾使用的固相载体有医用活性炭、氢氧化锌等。

（2）由于固相载体滤积在地层表面

会引起地层吸水能力下降，对吸水量大的层位影响大，故求出的相对吸水量偏低；对吸水量小的层位影响小，求得的相对吸水量偏高。根据一些实验室研究的成果，用活性炭作为固相载体时间，对固相载体效率比较低，因而用量大，有堵塞影响，用氢氧化锌时，载带效率高，用量小，无堵塞影响。但后者下沉速度较前者大。

（3）曲线对比时，应参考该井其他电测、射孔和油管记录等资料，以区别由于管外串槽、接箍污染等引起的假异常现象。

（4）放射性同位素施工时，在人身安全及施工设备上都要有专门的防护措施。

（5）由于施工后岩层的放射性强度很高，短期内不易减弱，因而不能连续多次测吸水剖面。

（三）投球测试法测分层指示曲线

除偏心配水器外，我国所采用的其他分层注水管柱的分层测试均可采用投球测试方法。测试管柱包括油管、封隔器、配水器、球座、底部凡尔。

1. 投球测试方法

1）测全井指示曲线

所谓全井指示曲线，就是井下各注水层段在该井下管柱条件下同时吸水时，注入压力和全井吸水量间的关系曲线。测试时通常测 4~5 个点，即分别测出 4~5 个不同注入压力和相应的全井注水量。每个测点之间的压力相差 $(5 \sim 10) \times 10^2$ kPa，并选其中一个点的压力为正常注水压力。测各压力点下的注水量必须在注水稳定之后，其稳定时间视注水层情况而定，一般为 30 min 左右。

2）测分层指示曲线

测得全井资料后，开始分层测试。其方法是先投小球入井，小球座在最下面一级球座上，将底下一层封住，然后开始对第Ⅰ和Ⅱ层进行测试。可测出 4~5 个不同压力下的注入水量，每个控制点的注入压力应与全井测试时相同。其次投入第二个球将Ⅱ层段封住，便可测得第Ⅰ层段（最上一层）的资料。如井下分为三个层段注水，投两个球分别测试 4～5 个点,分层测试就结束了。如果井下分为五个层段注水,则需从下到上逐级投入由小直径到大直径的四个球,进行测试。分层测试得到的资料经整理后,便可得出分层指示曲线。

2. 资料整理

1)层段注水量计算

第 Ⅰ 层段注水量 = 投最后一个球后测得的注水量

第 Ⅱ 层段注水量 = 投第一个球后的注水量—投第二个球后的注水量

第 Ⅲ 层段注水量 = 全井注水量—投第一个球后的注量

投第一个球后的注水量为第 Ⅰ 层段和第 Ⅱ 层段注水量之和,投第二个球后的注水量则为第 Ⅲ 层段注水量。全井注水量是 Ⅰ 、Ⅱ 、Ⅲ 三个层段同时吸水时的注水量。

2)绘制分层指示曲线

在正常注水情况下,为了检查各层段配水的准确程度,判断井下工具的工作状况,了解各层段吸水能力的相对变化情况而进行分层测试时,均采用井下原有的注水管柱进行测试。只有在为了准确掌握分层吸水能力和调配备层水量时,才专门下入由 745-5 组成的测试管柱,两者的测试方法相同。

3. 分层指示曲线的压力校正

用上面的方法所作出的指示曲线,是井口注入压力与小层吸水量之间的关系曲线,由于注入水通过油管、水嘴和打开节流器凡尔时要产生压力损失,所以各小层的真正注入压力并不是井口注入压力。真正对地层注水有效的(井口)压力要小于测试时得到的实测井口压力。而在同一井口注入压力下,每个小层因安装有不同直径的水嘴或不带水嘴。所以其实际注水压力是不同的。不装水嘴时的实际注水压力最大,水嘴直径愈小,水通过水嘴时的压力损失愈大,则实际注入压力就愈小。因此,按井口实测注水压力绘制的指示曲线,并不能反映地层真实的吸水规律。为了消除井下设备产生的压力损失对地层吸水规律的影响,应该对实测井口注入压力进行校正,即减去井内设备的压力损失,用有效(井口)压力与注水量绘制能真实反映地层吸水规律的指示曲线。有效(井口)压力为

$$P_{ef} = P_{pm} - P_{fr} - P_{cf} - P_v$$

式中,P_{ef} 为有效(井口)注水压力;P_{pm} 为实测井口注水压力;P_{fr} 为注入水通过油管时的压力损失(可由"采油技术手册"查得);P_{ef} 为注入水通过水嘴时的压力损失(可由专门的嘴损曲线上查得);P_v 为注入水打开配水器节流凡尔时所产生的压力损失,根据配套使用的 475-8 封隔器的要求,P_v 为 500～700 kPa。

计算出有效压力之后,就可以绘制出地层真实的指示曲线。显然,用实测井口压力绘制的指示曲线不仅与地层性质有关,而且与井下设备和配水工具的尺寸有关,而真实指示曲线则与井下设备和配水工具等无关。

在进行指示曲线的压力校正时,只有井下配水工具工作正常时才能用上面所给公式

计算出准确的有效注水压力，绘制准确的真实指示曲线。如果井下配水工具工作不正常（如水嘴已被堵塞）时，则求得的有效注水压力不准，也就无法绘制地层真实指示曲线。

三、防止吸水能力降低及改善吸水剖面的方法

保持和提高注水井吸水能力，是完成配注指标，保证注水开发效果的一个重要问题，但是许多注水开发过程中都不同程度地存在着吸水能力下降的现象。

（一）注水井吸水能力降低的原因

据现场资料分析和试验室研究，引起注水井吸水能力下降的原因可综合为四个方面。

（1）与注水井井下作业及注水管理操作有关的因素。

（2）与水质有关的因素。

（3）组成油层的黏土矿物遇水后发生膨胀造成堵塞。

（4）注水井地层压力上升。

前3点是指在注入水过程中，由于地层孔道被各种堵塞物或黏土膨胀造成堵塞，使吸水能力降低。第4点则是注水过程中的正常现象。据一些油田注水井取样分析，其堵塞物一般为硫化亚铁、氢氧化铁、硫酸钙、泥质、藻类与细菌等。为了防止和解除堵塞，下面对产生这一堵塞的原因作一简要分析。

1. 铁的沉淀

在油田注水过程中，往往发现注水在水源、净化站或注水站出口含铁量很低，但在经过管线到达井底的过程中，含铁量逐渐增加。

1）氢氧化铁沉淀的生成

根据电化学腐蚀原理，铁的二价铁离子进入水中，生成氢氧化亚铁，注入水溶解的氧进一步将氢氧化亚铁氧化，生成氢氧化铁。生成的氢氧化铁在水中的pH值 $> 3.3 \sim 3.5$ 时，处于胶体质点状态；当水中pH值接近于 $6 \sim 6.5$ 时，处于凝胶状态；当pH值 > 8.7 时，则呈棉絮状的胶体物，特别当pH值 $> 4 \sim 4.5$ 以后的氢氧化铁，注入地层后将发生明显的堵塞作用，从而降低吸水能力。

当注入水中含有铁菌时，铁菌的代谢作用也会产生氢氧化铁的沉淀。水中的铁菌由它周围环境中吸取二价铁盐和氧，同时在它的机体内进行近似于下列方程的反应，从而生成氢氧化铁沉淀

$$4Fe(HCO_3)_2 + 2H_2O + O_2 \longrightarrow 4Fe(OH)_3 + 8CO_2$$

2）硫化亚铁 FeS 沉淀的生成

当注入水中含有硫化氢 H_2S 时，其腐蚀将变得更加严重，H_2S 与电化学腐蚀产生的二价铁作用生成硫化亚铁 FeS 的黑色沉淀物。即使注入水中没有溶解的 H_2S 气体，当含有硫酸盐还原菌时，也会由于水中的硫酸根 SO_4 被这种菌还原成 H_2S：

硫酸盐还原菌

$$2H^+ + SO_4^- + 4H_2 \longrightarrow H_2S + 4H_2O$$

而 H_2S 将与二价铁 Fe^{2+} 生成 FeS 沉淀。

在一些注水井内排出的水为黑色,并带有臭鸡蛋味就是含有 H_2S 和 FeS 的缘故。

2. 碳酸盐沉淀

当注入水中溶解有重碳酸钙、重碳酸镁等不稳定盐类时,注入地层后,由于温度变化,这些溶解盐被析出生成沉淀,堵塞地层,降低吸水能力。

水中游离的二氧化碳、重碳酸根及碳酸根在一定的条件下保持着一定的平衡关系。即

$$CO_2 + H_2O + CO_3^{2-} \leftrightharpoons 2HCO_3^{2-}$$

当水注入地层后,由于温度升高,将使重碳酸盐发生分解,平衡左移,溶液中的 CO_3^- 浓度增大。当水中含有大量的钙离子 Ca^{2+} 时,在一定条件下将会有 Ca-CO_3 从水中析出,而造成堵塞。

另外,在水中硫酸盐还原菌的作用下,由下面的反应也会生成白色的 $CaCO_3$ 沉淀即

$$Ca^{2+} + SO_4^{2-} + CO_2 + 8H^+ \longrightarrow CaCO_3 \downarrow + H_2S + 3H_2O$$

3. 细菌堵塞

国内外一些研究表明,注入水中的细菌(硫酸盐还原菌、铁菌等)在注水系统和地层中的繁殖将引起地层孔隙的堵塞,使吸水能力降低。这些细菌的繁殖除了菌体本身会造成地层堵塞外,还会由于它们的代谢作用生成的产物硫化亚铁 FeS 和氢氧化铁（$Fe(OH)_3$）沉淀而堵塞地层。

4. 黏土的膨胀

由于许多砂岩油层均存在着黏土夹层,而岩石胶结物中亦有一定数量的黏土,因而在油层水通过的过程中,往往由于黏土遇水膨胀造成地层堵塞,甚至由于黏土膨胀后是岩石颗粒之间的联系变弱,严重者在井壁处造成岩层崩解而坍塌。

（二）防止吸水能力下降和恢复吸水能力的措施

1. 防止吸水能力下降的措施

要防止吸水能力下降,就要针对吸水能力下降的不同原因采用不同的措施。在注水过程中应当采取以预防为主的措施,防止对地层产生堵塞。为了避免泥浆侵害油层或因措施操作不当引起井底砂堵,一般在注水井进行井下作业时,采用不压井不放喷作业,慎重而正确地进行酸化,注水操作要平稳。

2. 恢复地层吸水能力的措施

地层吸水能力的降低,绝大多数是地层被堵塞所引起的,所以要恢复地层吸水能力,就必须解除堵塞。造成堵塞的原因不同,解堵的方法也不同。

用排液的方法有时可以部分的解除地层的堵塞,方法也很简便。但排液法的效果有

限,有些是用一般排液所不能解除的。同时,大量排液将降低注水井的地层压力而违背了注水的目的。因此,通常解堵还需采用专门的处理措施。

(三)改善注水井吸水剖面的方法

在非均质的多油层油田,注水井往往是一井同时注多层。由于各层性质的差异(孔隙大小、渗透率高低、有无裂缝等),使各层段的吸水能力差别很大,高渗透多层大量吸水,中低渗透吸水量少或不吸水,有裂缝的小层吸水量极大,造成注水井吸水剖面极不均匀。其结果使高渗透、有裂缝的层段迅速水淹,油井严重出水,而中低渗透层由于地下亏损而使多层压力迅速下降,油井生产困难。因此,在非均质地层注水,要解决两个问题:增加吸水层厚度;降低各层段吸水的非均衡性。解决这两个问题有两种途径:一是降低高渗透小层有吸水能力,将黏稠液体注入地层,它在吸水剖面上按各小层的渗透率吸收,因此在注水时高渗透层将产生较大的流动阻力,从而降低其吸收量,改善整个厚度上吸收的不均衡性;二是提高井底带岩的渗透率,即增加中低渗透层岩石的绝对渗透率,以达到剖面上吸收均衡的目的。

第四节　气藏排水采气技术

一、优选管柱排水采气技术

1.工艺机理

优选管柱排水采气工艺是在有水气井开采的中后期,重新调整自喷管柱的大小,减少气流的滑脱损失,以充分利用气井自身能量的一种自力式气举排水采气方法。

在设计自喷管柱时,可以应用下文讲述的数学模式,确定出临界流量与临界流速,这样才能确保连续排液。随着气流沿着自喷管柱举升高度的增加,气流速度也增加,如果井底自喷管柱管鞋处的气流流速能够达到连续排液的临界流速或者以上,就可以保证流入井筒的全部地层水被连续排出。当气流从自喷管柱中流出时,应该建立适当的、合理的最大压力降,用以保证井口有足够的压能将天然气输进集气管网并传输给用户单位。

2.数学模型

根据气井连续排液的临界流速、临界流量、对比流速、对比流量可分别由下式确定:

$$u_{kp} = 0.03313 \left(10553 - 34158 \frac{\gamma_g p_{wf}}{ZT} \right)^{0.25} \left(\frac{\gamma_g p_{wf}}{ZT} \right)^{-0.5}$$

$$q_{kp} = 0.648 \left(\gamma_g ZT \right)^{-0.5} \left(10553 - 34158 \frac{\gamma_g p_{wf}}{ZT} \right)^{0.25} p_{wf} d_i^2$$

$$u_r = \frac{u}{u_{kp}}$$

$$q_r = \frac{q_{sc}}{q_{kp}}$$

当气井的临界流动参数要求与实际参数不符时，可以重新选择能确保 z 的合理油管直径，由下式确定其值：

$$d_i = 1.2433\left(\gamma_g ZT\right)^{025}\left(10553 - 34158\frac{\gamma_g p_{wf}}{ZT}\right)^{-0.125} p_{wf}^{-0.25} q_{sc}^{0.5}$$

式中：q_{kp} ——气井续排液，在标准状态下必须建立的临界流量，$10^3\text{m}^3/\text{d}$；

q_{sc} ——气体在标准状况下的体积流量，$10^3\text{m}^3/\text{d}$；

u_{kp} ——气井连续排液，在油管鞋处的临界气流速度，m/s；

q_r ——气井的无量纲对比流量，无量纲；

u_r ——油管鞋处气流的无量纲对比流速，无量纲；

u ——气井在标准状态下的气流速度，m/s；

T, Z ——油管鞋处的井底状态下气体的绝对温度（K）和气体的偏差系数；

p_{wf} ——油管鞋处井底绝对压力，MPa；

d_i ——设计的油管内径，cm；

γ_g ——天然气的相对密度，无量纲；

应用以上公式和诺模图进行优选管柱的应用设计如下：

（1）据所给的气井自喷管柱尺寸、产量井深尺寸、井底流压、天然气相对密度等值，利用上式或诺模图求出对比参数值与气井连续排液的流量，对气井排液能力和工作制度进行生产动态分析。

（2）$q_r \geq 1$ 心时，气井能够在不改变自喷管柱情况下连续排液，依靠自身能力，实现气量、压力、水气比相对稳定的正常生产。当 $q_r \leq 1$ 时，气井不能够连续排液，可利用上式或诺模图重新优选自喷管柱内径情况下，实现正常生产。

（3）从考虑气井可能建立的最大压差 $\Delta p = p_{wf} - p_{wh}$ 出发，检验按求出的自喷管柱工作时，井口压力能否大于输压以确保能将天然气输给用户或采气管网。如井口压力满足大于输压条件，则计算求出的直径可以采用，否则应重新按程序（2）选择更大一级的油管进行生产。

（4）对一些产水量较大的气井，即使采用较大直径油管也不能实现正常生产时，则可利用气井当量，油管直径按上述程序求出 q_r，当 $q_r \geq 1$，且套管没有冲蚀的危险时，可采用套管生产。

3. 工艺流程

（1）根据工艺井流入、流出静态动态资料分析，确定气井合理工艺参数，利用计算机软件或诺模图选择自喷管直径以完成气井连续排液优选管柱设计。

（2）根据气井产层井深、压力、流体性质等选择材质合适的油管并进行强度校核。

（3）选择合理的井下作业工艺，在实施作业的同时，完善气井地面气水集输配套流程。

（4）更换新的油管柱后使气井在气井连续排液临界产气量条件下自喷带液生产；若不能自喷带液生产，可以采取放喷、抽汲或泡排、气举等措施助喷复产。复产后纳入工艺措施并进行生产管理。

4. 技术特点

关键技术是确定临界流量与临界流速的设计方法：建立和研制求解气井井筒连续排液合理管柱、天然气偏差系数、多相垂直管流数学模型、软件和诺模图，从而优化设计和生产方式。

5. 工艺选井原则

优选管柱排水采气工艺适用于有一定自喷能力的小产水量气井，选井原则包括：

（1）气井水气比 $WGR \leqslant 400m^3/10^3m^3$；

（2）在油管直径为 ϕ 60.3mm，SM-80S，安全系数取 1.4 条件下，最大井深应不超过 4800m；

（3）气流的对比参数小于 $v_r = q_r < 1$，井底有积液；

（4）最大排液量一般不超过 100m³/d；

（5）井场能进行修井作业；

（6）产层的压力系数 < 1，以确保用清水就能作施工压井液；

（7）气井产出水需就地分离并有相应的低压输气系统与水的出路。

二、泡沫排水采气技术

1. 工艺机理

泡沫排水采气简称泡排，就是向井底注入某种与水产生稳定泡沫的表面活性剂即起泡剂，起泡剂的作用是降低水的表面张力，加入起泡剂后水的表面张力随表面活性剂浓度增加而迅速降低，表面张力随浓度下降的速度体现了起泡剂的效率，当起泡剂注入浓度大于临界胶束浓度时，表面张力随浓度变化不大。注入井内的起泡剂借助天然气流的搅动，把水分散并产生大量含水泡沫，并且其密度较低。从而改变了井筒内水气流态，这样在地层能量不变的情况下，提高了天然气井的带水能力，把地层水举升到地面。同时，加入的起泡剂也提高了气泡流态的鼓泡高度，较少气体滑脱损失。

2. 工艺流程

液体起泡剂从套管环空间注入，与井底气液混合后经油管排出（若用套管生产的气井，则由油管注入）。起泡剂相态不同，加注方式不同，其加注装置也不同。如固体起泡剂，则由井口加注筒投入，经油管投到井底，再由油管或套管排除。消泡剂的注入部位一般是在井口气液流出处，这是因为该处据分离器较远，与气水混合时间长，达到消泡和抑制泡沫再生，进入分离器便于分离。

3. 技术特点

川南气区在关键技术起泡剂的研制方面处于领先的地位，针对不同的泡排情况，采取下列有效措施：

（1）非含硫气井：8001～8003 配方；

（2）含硫气井：84-S 配方；

（3）产凝析油油井：选用 8001（b）配方或 GWFA8-2、GW-FA8-3；

（4）气水井快速排液：PB 泡排棒；

（5）泡排—酸液解堵：SB 酸棒；

（6）气泡—减堵：JY 滑棒。

4. 工艺选井原则

泡沫排水采气工艺适用于因地层压力降低、产能降低等原因造成井底积液或间歇生产的气井即弱喷与间喷产水气井，产液量不宜过大，一般不超过 150m³/d，应用条件如下：

（1）井深一般不超过 4000m，井底温度小于 150℃；

（2）气井井底油管鞋处气流速度大于 0.1m/s，产水量小于 150m³/d；

（3）地层水总矿化度一般不大于 50000mg/L，硫化氢含量不大于 23g/m³，含凝析油不大于 45%，二氧化碳含量不大于 86g/m³；

（4）油管柱无穿孔，避免起泡剂"短路"，流不到井底；

（5）油管鞋应下在气层中部，如果油管鞋距气层中部很远，井底积液过高，起泡剂流到油管鞋处即被气流带走，达不到排除积水的效果。

三、气举排水采气技术

1. 工艺机理

气举排水采气（简称气举）是将高压气体（天然气或氮气）注入井内，借助气举阀实现注入气与地层产出流体混合，降低注气点以上的流动压力梯度，减少举升过程中的滑脱损失，排出井底积液，增大生产压差，恢复或提高气井生产能力的一种人工举升工艺。

2. 工艺流程

工艺设计步骤如下：

（1）收集气井基本数据、井深结构、生产资料、压缩机提供的最高工作压力、最大注气量等；

（2）预测该井的复产压差、产水量和产气量；

（3）确定气举方式、井下管柱、气举阀及工作筒类型；

（4）确定合理的注气量和注气压力、注气点深度；

（5）用计算法或作图法确定气举阀数量、下入深度；

（6）计算气举阀阀座孔径尺寸；

（7）计算气举阀的地面充氮压力、打开压力；

（8）填写气举工艺设计参数表。

3. 技术特点

关键技术、设备和优化设计已获成功：

（1）偏心筒、投捞式气举阀、投捞工具；

（2）气举阀的研制实现国产化；

（3）气举调试车的应用；

（4）连续气举优化设计软件，采用计算机优化设计施工。

4. 工艺选井原则

连续气举排水采气工艺适合于水淹井复产及气藏强排水，排水方式主要含有三种类型：开式气举、半闭式气举和闭式气举，选井要求一般包括：

（1）开式气举：井底静压 Pr ≥ 15MPa，产水量 50 ~ 250m³/d；

（2）半闭式气举正举井底静压 Pr ≥ 10MPa，产水量 50 ~ 250m³/d；

（3）半闭式气举（反举）：井底静压 Pr ≥ 14MPa，产水量 300 ~ 400m³/d，最高可超过1000m³/d；

（4）闭式气举：井底静压 Pr ≥ 8MPa，产水量 50 ~ 150m³/d；

（5）井深 ≤ 4200m。

四、游梁式抽油机-深井泵排水采气技术

1. 工艺机理

游梁式抽油机—深井泵排水采气（简称机抽）是将有杆泵下到井内液面以下一定深度，利用地面抽油机的动力，通过抽油杆柱上下往复运动带动抽液泵柱塞运动，使安装在柱塞上的游动阀和泵筒底部的固定阀交替开关，将井内液体不断派出地面，以降低井底流动压力，增大生产压差，实现油管排水、套管产气的一项人工举升工艺。

当柱塞向上运动时（上冲程），安装在柱塞上的单流阀（称为游动阀）受上部液柱压力的作用而关闭，柱塞上部的液体高度随柱塞向上运动逐步升高，与此同时，安装在泵筒底部的单流阀（称为固定阀）在柱塞向上的抽吸作用下打开，固定阀下部的液体进入泵筒。当柱塞向下运动时（下冲程），柱塞挤压泵筒内液体使泵筒内压力上升，从而使柱塞上的游动阀打开，泵筒底部的固定阀关闭，泵筒中的液体通过游动阀随之进入柱塞上部油管中。柱塞随抽油杆不断地上下往复运动，液体就不断被提升，直至排到地面。

2. 工艺流程

游梁式抽油机—深井泵排水采气工艺流程分地面和井下两部分。地面部分由电动机或其他动力机作为动力，通过抽油机带动井下抽油杆做上下往复运动，井下部分由抽油杆带动抽油泵柱塞做上下往复运动，产层流体经井下抽液泵后，地层水通过油管排出井口，天然气通过套管排出井口。

工艺设计步骤如下：

（1）数据准备，包括气井产能预测；

（2）计算最大泵挂深度；

（3）计算柱塞下行程中的液流阻力；

（4）根据输入的钢杆直径，按玻杆不受压原则，计算钢杆的许用长度；

（5）根据钢杆的长度计算玻杆的长度；

（6）计算液柱载荷系数 F_0/Sk ，判断其是否在 0.45 ~ 0.65 之间，否则调整杆径重新进行计算；

（7）计算频率系数 N/N_0 ，判断其是否在 0.5 ~ 0.7，否则调整抽油机冲程或冲次或增加钢杆的长度重新计算；

（8）计算其余参数。

3. 技术特点

关键技术加深泵挂、延长检泵周期：

（1）研制相应井口装置，提高其工作压力；

（2）采用整体泵筒和高效井下气水分离器，减少泵漏失和气体干扰，提高泵效；

（3）玻璃钢抽油杆成功应用；

（4）对出砂井采用防砂管柱；

（5）机抽排水采气工艺优化设计软件。

4. 工艺选井原则

游梁式抽油机—深井泵排水采气工艺适用于水淹井复产、见喷井及低压小产水量气井排水，一般应用条件如下：

（1）日排水量 10 ~ 100m³；

（2）泵挂深度小于 2700m；

（3）产层中部深度 1000 ~ 2900m；

（4）压力：

①目前地层压力 2.4 ~ 26MPa；

②变产后套管压力 1.5 ~ 20MPa；

（5）温度：小于 120℃；

（6）腐蚀介质：

①矿化度（Cl—含量）10000 ~ 90000mg/L；

②二氧化碳不大于 115g/m³；

③硫化氢：不含硫管串适用于 0 ~ 300mg/m³ 的低含硫气井，防硫管串基本使用于 26g/m³ 以下的含硫气井。

第七章　堵水技术

第一节　就地聚合延缓成胶堵剂

就地聚合延缓成胶堵剂是由单体溶液转变而来的，向单体溶液中加入引发剂和交联剂后，在地层高温条件下边共聚边交联形成空间立体网状结构，并束缚住溶液中的液体，因不再具有流动性而成凝胶。该堵剂是泵入地下进行共聚和交联的，在形成凝胶之前，由于体系初始黏度低（约 1 mPa·s），流动性好，可泵入地下深部后进行共聚和交联，形成的凝胶堵剂具有成胶时间可控、成胶强度高、封堵半径大且封堵能力强、耐高温高盐、耐冲刷和易解堵等优点。

研制的堵剂是一种以单体丙烯酰胺（AM）为主剂、加入耐温抗盐性共聚单体 B1 的共聚交联凝胶体系。考察单体类型和浓度、引发剂类型和质量浓度、交联剂类型和质量浓度、增溶剂浓度等对凝胶成胶时间和强度的影响，最终选出合适的堵剂配方。

一、引发剂

1. 引发剂类型

不同类型的引发剂因各自的引发效率存在差异，对共聚反应有不同程度的影响。在引发剂种类的选择上，应结合体系的要求，选择反应速率适中、引发条件简易和引发效果较好的引发剂。

新型水溶性偶氮引发剂（Y4）的成胶时间较长，形成的凝胶终凝强度为 H，能够满足堵水要求，并且在 60 d 后强度没有变化，稳定性最好。综上所述，确定 Y4 为以下实验的引发剂。

2. 引发剂质量浓度

选用的引发剂为新型水溶性偶氮引发剂（Y4）。固定单体 AM 浓度 4%、单体 B1 浓度 1%、交联剂 FQ 浓度 0.6%、增溶剂浓度 1%。

当引发剂质量浓度较低时，体系成胶速度明显减慢，强度降低；随着引发剂质量浓度的增加，相同质量浓度单体所形成的凝胶强度增加，成胶时间缩短。但引发剂质量浓度需在一定范围内增加才有利于共聚反应的进行，提高单体的转化率，使凝胶的强度和韧性增加。当引发剂质量浓度超过 400 mg/L 时，最终得到的凝胶韧性大幅度降低，这是因为引发剂质量浓度过高易爆聚，且共聚产物相对分子质量降低，能发生交联作用的交联点减少，分子间形成的网状结构较疏松，故凝胶的性能变差。选择引发剂质量浓度为

$100 \sim 200 \, \text{mg/L}$。

二、交联剂

就地共聚合交联凝胶的成胶性能与交联剂密切相关。交联剂可定义为能在线型分子间起架桥作用并使多个线型分子相互键合交联形成空间网络结构的化合物,还可定义为能促进或调节聚合物分子链间共价键或离子键形成的化合物。现使用的交联剂大部分为一类小分子的物质,具有多个有针对性的特殊官能团(氨基、羧基等),能与多个分子偶联并结合;或是其分子内含有多个不饱和双键,能与单体缩聚并交联形成不溶的凝胶。现市售交联剂品种很多,主要分两大类:①过渡金属无机盐及其衍生物,这类物质的离子都是高价阳离子,可以和聚合物中特定基团发生反应形成离子键交联聚合物,形成三维空间网络结构;②具有一定反应活性的有机物,这类交联剂主要是带有特定官能团(碳碳双键、羧基、羟基等)的有机物。常用的市售交换剂有:醛类,如甲醛,乙二醛;活性树脂类,如酚醛树脂;含胺基团的小相对分子质量聚合物类,如聚乙烯亚胺。

三、增溶剂

通过对凝胶体系的共聚和交联机理研究,选择一种带有羟基官能团的增溶剂,它可以与酰胺基、羧基等基团稳定地发生反应。由于增溶剂带有羟基官能团,在一定程度上还能延缓交联反应,有效避免因成胶时间过短而影响凝胶的性能。

固定单体 AM 浓度 4.0%、单体 B1 浓度 1%、引发剂 Y4 质量浓度 200 mg/L,交联剂 FQ 浓度 0.6%。

随着增溶剂浓度的增加,所形成的凝胶强度减弱,成胶时间延长。综合考虑凝胶稳定性和经济效益后,确定合适的增溶剂浓度为 0.5% ~ 1%。

四、体系浓度对成胶时间的影响

在 120℃条件下,采用正交实验方法综合分析单体 AM 浓度、单体 B1 浓度、引发剂质量浓度、交联剂浓度、增溶剂浓度对凝胶体系成胶时间的影响。

单体 AM 浓度的极差最大(为 19.13),是影响凝胶成胶的主要因素;交联剂浓度的极差最小(为 5.00),属于最次的影响因素。本次实验的影响因素的次序是:单体 AM 浓度＞引发剂质量浓度＞增溶剂浓度＞单体 B1 浓度＞交联剂浓度。

第二节　高温高盐缝洞型油藏调剖剂

目前,有关高温高盐缝洞型油藏调剖剂的研究报道较少。一般的聚合物凝胶类调剖剂在抗温和抗盐性上不能满足塔河油田生产要求,其主要原因是目前商业用聚合物本身的抗温和抗盐性能有待提高。为研制和完善适合塔河油田高温高盐缝洞型油藏特征的调剖剂,开展耐温抗盐两亲聚合物 KWY 的研制与评价,并在此基础上研制调剖剂配方。

一、耐温抗盐两亲聚合物KWY

1. 聚合物 KWY 的制备

采用自由基聚合法,以丙烯酰胺(AM)为主单体,以含有特殊功能避团的耐温单体和疏水性单体为功能性单体,在引发剂作用下进行水溶液自由基聚合,得到凝胶状聚合物。将块状的聚合物剪碎,在不水解的条件下于 60℃烘箱中烘干并粉碎得到 KWY 聚合物。

通过改变单体的浓度、引发剂用量以及聚合反应条件,可以设计出不同相对分子质量的聚合物。通过实验计算聚合物的特性黏数,可以准确获得黏均相对分子质量,它是表征聚合物分子尺寸的重要参数。通过设置聚合反应参数,制备了特性黏数在 $1\,809 \sim 2\,231$ L/mg 之间、相对分子质量在 $946 \times 10^4 \sim 1\,320 \times 10^4$ 之间的聚合物。

用于红外表征的耐温抗盐两亲共聚物凝胶预先用乙醇、丙酮洗涤,提纯。

2. 聚合物 KWY 性能评价

传统聚合物在高温高盐的恶劣油藏环境中黏度保持能力差,热降解以及沉淀现象严重,导致聚合物在高温高盐油藏中应用表现不理想。因此,在研究过程中重点考察了KWY 在高温高盐条件下的溶液性能。

1)黏浓特性

清水条件下一般聚合物(如 HPAM)的黏度随浓度呈线性变化,而在高矿化度下聚合物溶液的黏度与浓度不呈线性关系。鉴于此,实验考察了聚合物在高盐环境下的黏浓特性。方法如下:配制矿化度为 15×10^4 mg/L(二价阳离子质量分数为 10%),质量浓度为 0.1×10^4-0.25×10^4 mg/L 的 KWY 聚合物溶液($1^{\#}$),量取 50 mL 溶液,分别加入一定量的稳定剂,考察聚合物的黏度与浓度的关系。对照实验为水解度 25%,相对分子质量 $1\,200 \times 10^4$ 的 HPAM($2^{\#}$)。

聚合物溶液黏度随聚合物浓度的增大呈增加趋势,这是因为随着聚合物浓度的增加,单位体积内大分子个数增多,大分子间的相互作用力加大,产生相对位移时所需的内摩擦力增大,使得溶液黏度增大。同时,新型聚合物 KWY 的增黏性较常规聚合物 HPAM 更为突出。在 15×10^4 mg/L 的高矿化度下,KWY 溶液的黏度始终大于 HPAM 溶液的黏度。这是由于随着聚合物浓度的增加,聚合物分子线团相互缠绕的机会增多,KWY 溶液分子中的缔合作用增强,形成的空间结构变大。可见,KWY 在高盐条件下黏度与浓度基本呈线性关系,与一般聚合物在清水条件下的黏浓关系相一致。

2)抗剪切性能

取一定量的共聚物干粉,配制成质量浓度为 5 000 mg/L 的聚合物母液,然后稀释成质量浓度 2 000 mg/L,30 000 mg/L(Ca^{2+},Mg^{2+} 质量分数为 7.5%)的溶液,分成 3 组平行样,在 15 s^{-1},80 s^{-1},170 s^{-1} 的剪切速率下剪切 30 min 后,在 7.34 s^{-1} 条件下测定溶液的黏度恢复情况。

在 15 s⁻¹ 下剪切 30 min 后，黏度几乎不发生改变；在 80 s⁻¹ 下剪切 30 min 后的瞬间黏度稍微下降，约 6 min 后黏度恢复为原始黏度的 98% 以上，之后黏度不发生变化；在 170 s⁻¹ 下剪切 30 min 后的瞬间黏度为原始黏度的 85% 以上，随后黏度不断恢复，大约 10 min 后的黏度恢复为原始黏度的 95% 以上，之后黏度不再发生变化。

3）高盐增黏性

在清水中，聚合物分子链上偶极水分子通过吸附和氢键而形成溶剂化层或束缚水。同时，由于因带电基团间的静电斥力使得聚合物分子更加舒展，无规线团尺寸增大，使分子运动的摩擦力增大，流动阻力增大，从而增加了水的黏度。但是在高盐环境下聚合物的分子链发生严重的卷曲，甚至与二价阳离子反应生成沉淀，导致聚合物溶液在高盐环境下的黏度急剧降低。KWY 在高盐环境下的黏度与质量浓度呈线性关系。为了进一步研究抗高盐性，实验考察了聚合物在不同矿化度下的黏度，方法如下：

配制质量浓度为 2 500 mg/L，矿化度为 0 ~ 25 × 10⁴ mg/L（二价阳离子质量分数为 10%）的聚合物溶液，在 70℃ 条件下放置 48 h 后，采用 LVDV-IH 流变仪测定聚合物黏度（1#，2 500 mg/L；2#，2 500 mg/L+ 稳定剂 500 mg/L）。

通过分析可得：高盐条件下，KWY 聚合物有增黏的特性，聚合物溶液的黏度随矿化度的增加而增加；稳定剂可在很大程度上提升聚合物溶液的黏度。分析发现，新型聚合物的高盐增黏特性与疏水缔合聚合物（HAP）的增黏特性相似。在溶液中，当聚合物质量浓度高于临界缔合质量浓度（CAC）时，分子链以分子间缔合为主，水力学半径有所增加，因而具备较好的增黏性能。电解质的加入增加了溶剂的极性，使聚合物分子间的疏水缔合增加，因而表现出良好的高盐增黏特性。

4）高温高盐稳定性

聚合物的高温高盐稳定性通常是指聚合物溶液在高温高矿化度的孔隙介质中能够长期保持其黏度而不发生热降解的性质。聚合物的热降解通常以无规则的断链为主。在矿场应用聚合物作为驱油剂的三次采油过程中，为了使聚合物溶液充分发挥降低油水流度比、稳定驱替前沿的作用，要求聚合物溶液在油藏环境下保持长期的稳定性。室内实验评价 KWY 的高温高盐稳定性方法如下：

（1）配制质量浓度分别为 5 × 10⁴ mg/L，10 × 10⁴ mg/L，15 × 10⁴ mg/L，20 × 10⁴ mg/L（二价离子质量分数为 10%）的模拟地层水；

（2）分别量取 100 mL 模拟地层水，在不同的矿化度下配制质量浓度为 2 000 mg/L 的聚合物溶液；

（3）将配好的聚合物溶液在 100℃ 烘箱中老化，考察聚合物的黏度与时间的关系。对照实验采用相对分子质量为 1 200 × 10⁴ 的 HPAM。

相同质量浓度的 KWY 随体系矿化度的增加而表现出黏度增加的趋势。在老化初期聚合物溶液的黏度出现最大值，随后黏度逐渐变小，30 d 后黏度保留率高于 85%，表现出良好的耐温抗盐性能。

HPAM 在 5×10^4 mg/L（二价阳离子质量分数为 10%）的条件下老化 30 d 后黏度损失率高达 90%。

用相同的方法评价 KWY+ 稳定剂体系在 110℃ 条件下的高温高盐稳定性能，并增加 KYPAM 和 AP-P4（疏水缔合聚合物）作为对照实验。

KWY+ 稳定剂体系在高温高盐条件下黏度增长较明显，老化 3 d 时黏度达到最大值（初始黏度的 3 倍以上），45 d 后，黏度保留率为 86% 以上。而 KYPAM 和 AP-P4 的初始黏度很高，并且表现出良好的抗盐特性，但在 110℃ 的高温条件下黏度保持能力差，KYPAM 在老化 30 d 后基本丧失增黏能力。AP-P4 的抗高温高盐性能优于 KYPAM，但是在高温环境下长期稳定性能依然不理想。

KWY 表现出良好的高温高盐稳定性，这是因为其分子链中同时引入了抗盐单体（疏水基团）和耐高温单体（强极性基团）。抗盐基团含有较强的水化基团并分布在聚合物主链的两侧，在一定程度上能够抵御无机盐中阳离子的进攻；随着矿化度的升高，溶剂极性增强，侧基之间缔合作用增强，物理交联点进一步增多，流体力学体积增大，因而有增大溶液黏度的趋势。同时阳离子屏蔽了分子链上的负电荷，使聚合物线团间的静电斥力减弱而趋于卷曲，流体力学体积减小，因而有降低溶液黏度的趋势，共同作用的结果是聚合物的黏度下降比较缓慢。

二、高温高盐缝洞型油藏调剖剂

1. 聚合物浓度筛选

目前对聚合物（弱）凝胶的成胶时间和成胶强度的测定方法比较多，常用的有黏度突变法、模量交点法、转子旋转法和目测代码法。目测代码法的特点是方便、直观，能快速测定弱凝胶的强度以及所对应的成胶时间。主要通过在一定温度条件下，老化一段时间后凝胶的强度变化、脱水情况等来考察聚合物弱凝胶稳定性。

固定交联剂 FQ 浓度 1%，改变 KWY 聚合物的浓度，在温度 100℃、矿化度 5×10^4 mg/L（二价阳离子质量分数为 10%）条件下，考察 KWY 聚合物凝胶体系成胶性能。

通过改变 KWY 聚合物质量浓度，弱凝胶的成胶时间可控，后期成胶强度较高且稳定性好。随着聚合物 KWY 质量浓度的增加，成胶时间缩短，成胶强度增加。适合的聚合物质量浓度范围为 1 500 ~ 2 500 mg/L。

2. 抗温抗盐性评价

KWY 凝胶性能的室内评价是在 100℃、120℃、不同矿化度（清水、5×10^4 ~ 20×10^4 mg/L，二价阳离子质量分数为 10%）条件下，测试 2 500 mg/L 聚合物 +1% 交联剂 +100 mg/L 除氧剂时的成胶性质，以 $1 200 \times 10^4$ mg/L HPAM 的成胶动态做对照实验。

KWY 聚合物凝胶在 100℃，120℃ 高温条件下，矿化度对成胶时间的影响较小，聚合物的成胶时间主要由聚合物、交联剂的浓度和温度控制，成胶时间可控。

100℃ 条件下，矿化度为 20×10^4 mg/L 的 KWY 老化 2 d 后强度达到 C 级，流动性良

好,此时体系的黏弹性高。随着时间的推移,成胶强度增加,老化15 d后强度达到G+级。与HPAM相比,KWY聚合物在高温高矿化度条件下的稳定性更好,经过35 d的老化弱凝胶未发生脱水现象。120℃条件下,KWY聚合物体系的成胶时间相对较快,老化3 d后达到D级。与HPAMUKYPAM和AP-P4相比,KWY的成胶稳定,后期的强度高,老化30 d后,强度仍然能达到G级,说明凝胶稳定性好。

把120℃,20×10^4 mg/L矿化度条件下考察30 d的KWY凝胶样品进行电镜扫描,研究凝胶的微观结果。KWY凝胶成胶后形成的三维网状结构紧密,在高温高盐条件下30 d后的网状结构仍保持完整,说明体系有良好的耐温抗盐性。

3. 调剖能力物理模拟实验

1)实验仪器设备

实验所用仪器和设备与前面堵水物理模拟实验完全相同,实验流程图也与单岩芯流动实验流程图和并联岩芯流动实验流程图相同。

2)岩芯准备

根据堵水物理模拟实验方法,对天然露头碳酸盐岩钻取小岩芯,将岩芯沿轴向破为两半进行人工造缝,从而制得调剖物理模拟实验所用岩芯。

3)调剖剂准备

实验所用调剖剂的配方为:2 500 mg/L聚合物KWY+1%交联剂+100 mg/L除氧剂。

4)注入性及突破压力梯度评价

通过单岩芯物理模拟实验评价调剖剂注入性及突破压力梯度。选用3块岩芯进行实验。

调剖剂阻力系数在10以上,有较好的注入性;突破压力梯度在4 MPa/m左右,说明KWY耐温抗盐凝胶具有一定的封堵能力。但与研制的堵剂相比,由于凝胶成胶强度比堵剂弱,因此调剖用KWY凝胶的突破压力梯度明显小于堵剂,且随着裂缝宽度的增加,突破压力梯度有减小的趋势。

5)调剖效率评价

调剖效率是衡量调剖体系剖面改善能力的重要指标。调剖效率反映了油层高渗透层和低渗透层在调剖前和调剖后吸水指数的变化情况。

调剖效率T的计算方法为:

$$T = \frac{\left[\left(\frac{Q}{\Delta p} \right)_2 \Big/ \left(\frac{Q}{\Delta p} \right)_1 \right]_L - \left[\left(\frac{Q}{\Delta p} \right)_2 \Big/ \left(\frac{Q}{\Delta p} \right)_1 \right]_H}{\left[\left(\frac{Q}{\Delta p} \right)_2 \Big/ \left(\frac{Q}{\Delta p} \right)_1 \right]_L}$$

式中 Q —— 日注水量,m³/d;

Δp ——单位压差，MPa^{-1}；

$Q / \Delta p$ ——吸水指数，m³/（d•MPa）；

$(Q / \Delta p)_1$ ——调剖前的吸水指数，m³/（d.MPa）；

$(Q / \Delta p)_2$ ——调剖后的吸水指数，m³/（d•MPa）；

H ——高渗透层；

L ——低渗透层。

分别将 34$^{\#}$ ~ 37$^{\#}$ 裂缝岩芯中的大裂缝岩芯与小裂缝岩芯组合，进行两组并联岩芯物理模拟实验研究调剖剂调剖效率。

当低速向岩芯注入弱凝胶时，开始弱凝胶主要进入大裂缝，对应出口端只见大裂缝岩芯出液，这是由两岩芯裂缝渗透率存在差异所致。对比调剖前后大小裂缝岩芯的吸水比数据可发现，调剖后大裂缝的吸水量减小，小裂缝的吸水量增加，并且调剖后小裂缝的绝对吸水大于大裂缝，这说明弱凝胶能有效地改善大小裂缝间吸水不均匀问题。根据调剖效率公式计算出第一组和第二组并联岩芯调剖实验的调剖效率分别为 93.15% 和 95.62%，说明调剖很充分。

第三节 堵水调剖配套技术及工艺方案设计

一、堵水选井配套方法

结合塔河油田的实际特点，逐步形成定性、半定量、定量 3 种堵水选井分析方法。其中定性的基于 5 项避础的综合分析方法主要适用于初期单井选井，半定量的基于井例的权重分析方法适用于后期分析认识评价，定量的神经网络分析方法适用于后期堵水效果预评估。

1. 基于 5 项基础的综合分析方法

随着配套堵剂研究的深入和堵水工艺的不断优化，堵水效果的主要影响因素已转移为堵水井与堵剂、堵水工艺的配套问题。碳酸盐岩缝洞型油藏储层特征复杂，现有的认识手段尚难以对单井的储层发育情况和出水模式进行精确描述。为了更好地认识油井，优化堵剂和堵水工艺，提高堵水有效率和增油效果，需要借助基于 5 项基础的综合分析法对油井进行系统的分析和评价。

基于 5 项基础的综合分析方法以油藏地质为基础，充分利用油井静态和动态资料，对 5 项越础即油井储层特征、连通关系、油水赋存状态、见水机理及剩余油潜量进行综合分析和分类评价。

1）储层特征

塔河油田奥陶系碳酸盐岩油藏是经过多期次的古构造—岩溶叠加改造作用而形成的古潜山型油藏。在多期的构造和岩溶作用下，产生了一系列纵向和横向上存在严重非均质性的裂缝和溶洞系统,形成了复杂的多种缝洞储集空间。

塔河油田碳酸盐岩油藏裂缝以构造成因的构造缝、构造溶缝及成岩形成的压溶缝为主,包括开启缝和充填缝2种,其中开启缝是该种类型碳酸盐岩油藏的主要渗流通道。实验室测定认为,开启缝主要为高角度产状,其中,小缝约占总开启缝的65%,中等宽度裂缝占30%,大缝占不到5%。充填缝以中等宽度、中高角度裂缝为主。基质孔隙实际为非储集层,基本不具备储集—渗流能力。溶蚀孔洞主要是结晶孔和局部溶蚀强烈形成的与裂缝连通的孔洞。溶洞是主要的储集空间,也是裂缝长期稳定供液的基础。

储层特征指油井整体储层发育情况,主要与油井所处构造位置和局部岩溶发育程度有关。一般而言,基质岩块不具备储集—渗流能力,基本不能作为储集体。储集体的类型可以分为孔缝和溶洞两大类,油井储层特征是这两种类型储集体在纵向上的组合。储集体类型包括裂缝型、裂缝—孔洞型和裂缝—溶洞型3种,其中裂缝—溶洞型的储集性能最好,裂缝型的发育最为广泛。

2)连通关系

连通关系指底水或者原油进入井筒并产出的通道,可以分为井筒连通、孔缝连通及酸蚀裂缝连通3类。井筒连通指油井直接钻遇放空漏失的连通方式;孔缝连通指通过原始溶蚀孔缝的连通,具有较为复杂的孔缝形态;酸蚀裂缝连通是直接通过酸压形成裂缝产出的连通方式,其形态相对复杂,为一对对称的酸压主裂缝加上天然裂缝构成裂缝网状结构。

酸压曲线的解读也存在一些不确定性,如AT21X井钻遇放空漏失产纯水,填砂挤水泥上返酸压再见水,曲线可以解读为压开远处储集体,也可以解释为高压差下破坏水泥塞再次沟通水体。

3)油水赋存状态

油水赋存状态指油井油水分布状态。缝洞型油藏是不同发育程度的储集体和渗流通道的组合,在近井表现为不同级别的储层,远井则通过天然裂缝、酸压裂缝沟通不同级别的储集体。这一特性产生了反映缝洞型油藏油水赋存状态的特殊现象。

塔河油田碳酸盐岩缝洞型油藏以底水为主,总体是自下而上逐步水淹。由于储层为具有重力置换空间的强非均质性的孔缝洞,油井开采实际就是不同储集体、不同采出液之间由于连通性和能量的差异,在连通的裂缝网络里的斗争。层段内高含水是由于潜量储集体能量衰减,在流动网络斗争中被水体压制,关井(注水)压锥后,油水发生重力置换,开井后含水明显降低,原油存于上部储集空间内。也有油井具有不同生产压差的多套储集体,随着生产压差的放大,次级储集体打开,里面赋存的原油被采出。前期利用甲型水驱曲线判断TH10422CX井有明显转折,该井可能存在两套水体供给,两套水体间通过孔缝沟通,具有不同的启动压差。

4)见水机理

导致油井高含水的出水方式主要包括水锥和水窜两种。水窜见水主要指底水沿着高角度裂缝上窜至上部储层产出，主要表现为产液剖面上呈多段油水同出。底水锥进主要表现为一段主要产出且以产水为主。一般而言，水窜与裂缝连通具有较好的对应关系，而水锥则与井筒连通和酸蚀裂缝连通对应。

统计显示，塔河油田碳酸盐岩缝洞型油藏主要的含水上升类型有4类，即台阶上升型、正常上升型、暴性水淹型及异常波动型。

5）剩余油潜量

剩余油潜量指油井实施堵水作业的增油潜量，主要指剩余油的存在形式，可大致分为孔缝存油和溶洞存油两类。两类潜量形态与油井储层特征相关，其中孔缝存油与潜量段长度密切相关。现阶段主要通过产液剖面、关井压锥效果、对比同缝洞系统油井产层位置和生产情况等方法推断剩余油潜量。

2. 基于井例的权重分析方法

堵水选井直接关系到堵水井施工对策及堵水效果。在前期单井堵水实践的基础上提出权重分析定逛选井方法，对堵水备选井进行定量分析及优劣排序，取得初步成效。

1）基本原理

权重选井分析方法主要是基于模糊综合评判法（多元分析法）提出的。模糊综合评判法就是将语言文字描述的模糊概念（如好、较好、一般、差等）处理后参加数学运算，达到全面综合反映各影响因素对施工效果制约情况的方法。此方法的特点在于它能把影响选择的诸多因素按其影响程度的不同予以考虑，因此评判结果能更准确、更全面地反映施工优劣程度。

根据多层次模糊综合评判方法将影响堵水效果的诸多因素作为因素集，不同堵水效果作为评语集，因素对评语等级所起作用的大小作为权重，利用权重的大小表征油井堵水潜量，进而进行堵水井的优选。

2）因素筛选及权重赋值

从前期堵水井的效果统计分析来看，影响堵水效果的一级评判因素包括：油井剩余油潜量、储层特征、井筒条件。其中，油井剩余油潜量包含的二级评判因素有：产液剖面特征、注水情况等；油井储层特征包含的二级评判因素有：有效裸眼段储层特征、酸压情况、含水上升类型等；油井井筒条件包含的二级评判因素有：有效裸眼段长、高阻隔层厚度、放空漏失情况、放空段距风化壳的距离。

对每个二级评判因素本身对堵水效果的影响程度进行权重赋值（纵向赋值），各二级评判因素之间对堵水潜量的影响程度进行赋值（横向赋值），各因素横向权重和纵向权重乘积的代数和表征堵水的总权重，根据总权重值的大小评判堵水潜量的大小。

由于参数赋值是随参与统计的堵水井动态变化的，因此其评判结果也是变化的，具有一定的时效性。

二、调剖选井方法

影响调剖选井效果的因素很多,砂岩油藏调剖选井一般考虑的因素有:注水井吸水指数、压力指数、渗透率变异系数、吸水剖面非均质性及对应油井含水等,这些因素指标可归纳为 3 种类型:反映注水井吸水能力、油层非均质性以及对应油井动态情况的各项指标参数。在这 3 类指标的基础上进行调剖选井综合决策。

1. 反映注水井吸水能力的参数决策

根据现场测试数据和油藏动态数据统计得到各注水井的吸水能力指标值,组成吸水能力指标矩阵:

$$C_{ij} = \begin{bmatrix} K_{sl} & K_{a2} & \cdots & K_{sm} \\ K_1 & K_2 & \cdots & K_m \\ PI_1 & PI_2 & \cdots & PI_m \end{bmatrix}$$

式中 K_{si}, K_i, PI_i ——第 i 口井的视吸水指数、吸水指数及井口压力指数值, i =1,2,$\cdots$,m ;

C_{ij} ——吸水能力指标矩阵。

对上式按偏大型或偏小型处理,并经归一化计算得关系矩阵:

$$R_1 = \begin{bmatrix} r_{11} & r_{12} & \cdots & r_{1m} \\ r_{21} & r_{22} & \cdots & r_{2m} \\ r_{31} & r_{32} & \cdots & r_{3m} \end{bmatrix}$$

式中 r_{ij} ——第 i 口井的第 j 个因素的隶属度, i =1,2,3, j =1,2,$\cdots$,m ;

R_1 ——吸水能力指标关系矩阵。

由权重公式确定 K_s, K, PI 的权重:

$$A_1 = \begin{bmatrix} a_1 & a_2 & a_3 \end{bmatrix}$$

经过模糊运算,得到第一级多因素评判结果,即吸水能力的评判结果为:

$$B_1 = R_1 \times A_1 = \begin{bmatrix} \sum_{i=1}^{3} r_{i1} \times a_1 & \sum_{i=1}^{3} r_{i2} \times a_2 & \sum_{i=1}^{3} r_{i3} \times a_3 \end{bmatrix}$$

2. 反映油层非均质性的参数决策

根据现场测试数据和油藏动态数据统计得到各注水井的吸水能力指标值,组成储层非均质程度指标矩阵:

$$C_{ij} = \begin{bmatrix} V(k)_1 & V(k)_2 & \cdots & V(k)_m \\ Q(k)_1 & Q(k)_2 & \cdots & Q(k)_m \end{bmatrix}$$

其中,V(k)为变异系数(偏差系数),是一数理统计概念,用以度量统计的若干数值相对于其平均值的分散程度或变化程度;Q(k)表示吸水量,m^3($d \cdot MPa$)。对上式按偏大型或偏小型处理,并经归一化计算得出关系矩阵:

$$R_2 = \begin{bmatrix} V_{11} & V_{12} & \cdots & V_{1m} \\ V_{21} & V_{22} & \cdots & V_{2m} \end{bmatrix}$$

由权重公式确定 V（k）和 Q（k）因素的权值：

$$A_2 = \begin{bmatrix} a_{21} & a_{22} \end{bmatrix}$$

经过模糊运算,得到第一级多因素评判结果,即反映油层非均质性评判结果为：

$$B_2 = R_2 \times A_2 = \begin{bmatrix} \sum_{i=1}^{2} V_{i1} \times a_1 & \sum_{i=1}^{2} V_{i2} \times a_2 \end{bmatrix}$$

3. 反映对应油井动态情况的参数决策

对连通油井平均采出程度和平均含水率两项指标,采用相应的隶属函数计算方法得到隶属度矩阵：

$$C_{ij} = \begin{bmatrix} V(k)_1 & V(k)_2 & \cdots & V(k)_m \\ Q(k)_1 & Q(k)_2 & \cdots & Q(k)_m \end{bmatrix}$$

对连通井剩余储量（偏大型）和采出程度（偏小型）两项指标,采用相应的函数计算方法得到隶属度矩阵：

$$R_3 = \begin{bmatrix} V_{11} & V_{12} & \cdots & V_{1m} \\ V_{21} & V_{22} & \cdots & V_{2m} \end{bmatrix}$$

由权重公式确定 V（k）和 Q（k）因素的权值：

$$A_3 = \begin{bmatrix} a_{31} & a_{32} \end{bmatrix}$$

经过模糊运算,得到第一级多因素评判结果,即对应油井动态情况的评判结果为：

$$B_3 = R_3 \times A_3 = \begin{bmatrix} \sum_{i=1}^{2} V_{i1} \times a_1 & \sum_{i=1}^{2} V_{i2} \times a_2 \end{bmatrix}$$

4. 综合评列

在第一级评判的基础上,得到影响注水井吸水能力参数、反映油层非均质状况参数及对应连通油井动态的权重为：

$$A = \begin{bmatrix} a_1 & a_2 & a_3 \end{bmatrix}$$

经过模糊综合变换,得到调剖选井综合决策结果为：

$$B = R \times A = \begin{bmatrix} \sum_{i=1}^{n} R_{i1} \times a_1 & \sum_{i=1}^{n} R_{i2} \times a_2 & \sum_{i=1}^{n} R_{i3} \times a_3 \end{bmatrix}$$

对碳酸盐岩缝洞型油藏而言,调剖井的选择流程与砂岩油藏大致相同,但碳酸盐岩缝洞型油藏调剖井的相关资料更难准确获取。针对这一特殊情况,分析探索出碳酸盐岩缝洞型油藏调剖"四项关键分析"选井方法,即碳酸盐岩缝洞型油藏调剖分析主要从调剖井组的注采关系、储层特征、井间连通关系、调剖潜量等 4 方面进行分析。

三、堵水设计优化

1. 堵剂用量设计

堵剂用量设计主要采用两种方法:公式法和经验法。

1) 公式法

（1）裂缝封堵模型法。

$$Q = 2D_f L_f h_f + V$$
$$V = 2\phi L_f h_1 d$$

式中 Q ——堵剂用量，m³；

D_f ——平均裂缝宽度，mm；

L_f ——裂缝半长，mm；

h_f ——裂缝高度，m；

V ——堵剂进入地层量，m³；

ϕ ——孔隙度，%；

h_1 ——地层有效厚度，m；

d ——堵剂进入地层平均深度，m。

（2）控制半径模型法。

$$V = \pi R^2 H \phi$$

式中 V ——堵剂设计用量，m³；

R ——堵塞控制半径，m；

H ——塞面高度，m；

ϕ ——水层孔隙度，%。

（3）预测的酸压裂缝体积法。

$$V = \rho V_1$$

式中 V ——堵剂设计用量，m³；

ρ ——堵剂密度，kg/m³；

V_1 ——预测的酸蚀裂缝体积，m³。

2）经验法

经验法主要根据现场具体施工情况，通过堵剂试注、测吸水指数等方法及时持续地调整堵剂配方和用量，直到通过现场泵注参数可以判断堵剂已经起到封堵作用为止，最后通过测吸水指数确定封堵效果。

对前期施工而言，塔河油田碳酸盐岩缝洞型油藏堵水一般堵剂用量为 200 m³ 较为合适，施工排量为 0.2~0.6 m³min；泵压同所采用堵剂的密度及储层亏空程度密切相关，爬坡压力不明显；堵水工艺根据油井储层发育及出水情况考虑是否留塞；为了增大封堵范围，对裂缝发育油井可以采用多轮次封堵。

2. 堵后投产工艺

针对不同的储层特征，根据不同的堵后吸液情况配套投产工艺。常用投产工艺：小型酸压、射孔酸洗、酸洗、抽汲、机抽等。

堵、酸（压）一体化工艺：对于潜量段较差的油井，在堵水方案设计时便考虑投产措施保证堵水施工和酸化（酸压）连续施工，以降低施工成本。

第四节　堵水调剖现场试验及效果

一、缝洞型储层堵水

1.TH10421井堵水现场试验及效果

1）油井特征

TH10421井钻时变化不明显，但可能漏失段主要为两段（6 146～6 159 m漏失钻井液197.5 m³；6 204～6 206 m钻时明显降低，漏速加大），根据钻、测、录井资料判断近井地带储层较发育，属于裂缝—溶洞型。位于下部的溶洞为主要的储集空间，产液剖面资料显示底水自下向上逐步水淹，出水特征为底水逐步水锥，并沿高角度裂缝上蹿，抑制上部储层供油，导致油井高含水。

2）堵水思路

采用超低密度固化颗粒堵剂在油水界面形成高强度隔板，大剂量扩大封堵范围，深部控制水体上蹿通道，并用中密度可酸解固化颗粒堵剂封口，延长有效期。

3）堵水施工

累计注入井筒液量162 m³，施工排量0.3～0.7 m³/min，最高套压8 MPa。

4）堵水效果

堵水后生产期间，平均日产液28.2 t，平均日产油23.3 t，含水率为25.59%，累增油6 780.6 t。

2.T801（K）井堵水现场试验及效果

1）油井特征

该井钻遇缝洞型储层，顶部裂缝发育，底部缝洞发育。钻井过程中漏失100 m³，酸压完井投产，见水后含水缓慢上升，产液剖面显示底部水淹，顶部有剩余油潜量。该井漏失严重，堵水措施前修井累计漏失4 009 m³。

2）堵水思路

针对该井漏失严重的情况，采用多级复合堵水，即采用"聚合物＋沉淀＋凝胶＋固化颗粒"多级复合堵水工艺实现漏失井逐级降漏，逐级有效封堵。

3）堵水施工

累计注入堵剂共305 m³，油压从1.1 MPa升高到1.98 MPa，套压从0升高到0.5 MPa，堵漏降水效果较好。

4）堵水效果

堵水后平均日产液19.2 I，平均日产油10.1 t，含水率47.3%，有效期262 d，累增油1 526 t。

三、裂缝型储层堵水

1.T815（K）CH井堵水现场试验及效果

1）油井特征

该井是侧钻水平井，钻遇裂缝型储层，钻完井期间累计漏失422 m³。自然投产，开井即见水；自喷期间，含水率快速上升；机抽后，含水率大幅下降，后期波动上升。综合动静态资料分析认为，该井为单套供给体系，裂缝出水，跟部已水淹，整段油水同出，不存在产层接替。

2）堵水思路

在利用稠液携颗粒堵漏剂前置托堵的基础上，采用油水选择性和封堵能力强的堵剂组合，对目前生产段的产液剖面进行精细调整和改善。

3）堵水施工

累计注入堵剂390 m³，爬坡压力3 MPa。

4）堵水效果

堵后降水效果明显，平均日产液29 t，平均日产油15 t，含水率为48%，有效期301 d，累增油4 232 t。

2.TK863井堵水现场试验及效果

1）油井特征

该井位于裂缝型储层，酸压投产，下部储层见水后含水波动上升，后期快速上升，产液剖面表明底部水淹，顶部产油。该井前期两轮次上提井段堵水，堵水具有一定效果，生产井段仅13 m。

2）堵水思路

该井产水主要属于同段油水同出，底水占据近井通道，沿裂缝窜进产出，抑制同层原油产出。采用逐级增强的选择性堵剂组合段塞选择性封堵出水通道，释放层内产油通道潜量，达到降水增油的效果。

3）堵水施工

累计注入井筒液量424 m³，施工排量0.3~0.4 m³/min，最高套压9 MPa。

4）堵水效果

该井堵后效果明显，平均日产液21.5 t，平均日产油4.8 t，含水率77.7%，累增油728.7 t，继续有效。

四、TK432井组化学调剖

1.井组特征

TK432井为裂缝型储层，调剖层位 O_{1-2y}，位于5 436~5 542 m层段，5 495 m以下为主要吸水段，调剖的目的为改善主吸水段的吸入剖面；调剖井组为TK432—S65—

TK488，TK432—S65 井间主连通窜流，次方向 TK488 井无注水响应。通过调剖增大 TK432—TK488 井组注水分流量。其连井剖面显示，井组为低注高采、缝注洞采。

2. 调剖思路

采用胍胶携砂液作为调剖体系，覆膜砂前置和后置段塞固定塔河沙堤，防止塔河沙堤遭冲刷及回吐，增强沙堤耐冲刷性；采取"先堵大裂缝，再调小裂缝"的思路，封堵高渗流通道，启动弱连通性的小裂缝，调整吸水剖面，改善水驱效果。

3. 调剖施工

累计注入覆膜砂 10 m³、塔河砂 69 m³、陶粒 20 m³、顶替液 60 m³，最高泵压 75.8 MPa，最大排量 6 m³/min。停泵 20 min 后油压由 19.4 MPa 下降到 9.0 MPa，最后降至 0。

4. 调剖效果

调剖后，初期 TK432 井套压由 1.9 MPa 升高到 2.9 MPa，分流明显增大。S65 井后两轮生产逐渐变好，井组累增油 3 312 t。

参 考 文 献

[1] 何发岐, 等. 塔里木盆地北部碳酸盐岩油气田 [M]. 武汉: 中国地质大学出版社. 2002.

[2] 王世洁, 林江, 梁尚斌. 塔河油田碳酸盐岩深层稠油油藏开发实践 [M]. 北京: 中国石化出版社. 2005.

[3] 梁修彬. 海外碳酸盐岩油气田开发理论与技术 [M]. 北京: 石油工业出版社. 2019.

[4] 卫平生. 世界典型碳酸盐岩油气田储层 [M]. 北京: 石油工业出版社. 2018.

[5] 李剑, 胡国艺, 谢增业, 等. 碳酸盐岩油气成藏机制 [M]. 北京: 石油工业出版社. 2012.

[6] 孙龙德. 碳酸盐岩油气成藏理论及勘探开发技术 [M]. 北京: 石油工业出版社. 2007.

[7] 梁尚斌, 潘从文. 塔河油田碳酸盐岩深层稠油油藏开发实践新进展 [M]. 北京: 中国石化出版社. 2011.

[8] 刘传虎, 徐国盛. 碳酸盐岩储层特征与油气成藏 以济阳坳陷和川东地区为例 [M]. 北京: 石油工业出版社. 2006.

[9] 袁向春, 刘中春. 碳酸盐岩缝洞型油藏提高采收率技术 [M]. 东营: 中国石油大学出版社. 2017.

[10] 成永胜, 陈松岭. 渤海湾盆地南堡凹陷周边古生界碳酸盐岩储层评价 [M]. 长沙: 中南大学出版社. 2015.

[11] 沈存杰. 碳酸盐岩油气勘探开发系列 [J]. 中国石油勘探. 2016.

[12] 李阳, 康志江, 薛兆杰, 等. 中国碳酸盐岩油气藏开发理论与实践 [J]. 石油勘探与开发. 2018.

[13] 张孙玄琦, 张海明. 碳酸盐岩油气藏注水开发技术分析 [J]. 化工设计通讯. 2018.

[14] 张作安. 国内外碳酸盐岩油气藏增产技术 [J]. 山东化工. 2017.

[15] 梅杰. 碳酸盐岩油气藏水平井酸化的技术 [J]. 工程技术 (全文版). 2017.

[16] 院振刚, 张靖, 许爱华, 等. 碳酸盐岩油气田地面建设模式实践 [J]. 天然气与石油. 2017.

[17] 苟波, 马辉运, 刘壮, 等. 非均质碳酸盐岩油气藏酸压数值模拟研究进展与展望 [J]. 天然气工业. 2019.

[18] 朱力挥, 罗东坤. 碳酸盐岩油气藏地面工程管控难点及对策 [J]. 油气储运. 2016.

[19] 周波，金之钧，云金表，等．碳酸盐岩油气二次运移距离与成藏 [J]．石油与天然气地质．2016．

[20] 许怀先，王大锐，张朝军．中俄古老碳酸盐岩油气地质学术交流会召开 [J]．石油勘探与开发．2016．

[21] 姜瑞忠，杨宜渤．基于新型遗传算法的碳酸盐岩油气藏布井研究 [J]．计算机科学．2018．

[22] 张永庶，伍坤宇，姜营海，等．柴达木盆地英西深层碳酸盐岩油气藏地质特征 [J]．天然气地球科学．2018．

[23] 杜治利，田亚，陈夷．鄂尔多斯盆地东南部 碳酸盐岩油气勘查新突破——宜参1 井钻探成果 [J]．科技成果管理与研究．2019．

[24] 鲜强，蔡志东，王祖君，等．AVO 分析技术在塔中碳酸盐岩油气检测中的应用 [J]．物探化探计算技术．2017．

[25] 焦鹏飞．中国陆上深层海相碳酸盐岩油气地质特征与勘探前景 [J]．石化技术．2017．